数控铣床
（加工中心）
编程
100例

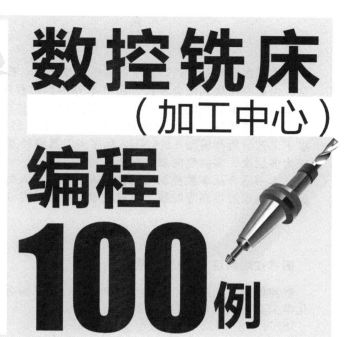

SHUKONG XICHUANG
(JIAGONG ZHONGXIN)
BIANCHENG 100LI

刘蔡保　编著

U0270963

化学工业出版社
·北京·

内 容 简 介

　　本书面向实际生产，从学习者的角度出发，按照产品由简单到复杂、由单一模块到配合零件、由基本外形到宏程序编制的纵向结构，逐步精细讲解编程的方法和要点，最后得到总体的编程能力的提升。本书每一道例题，遵循模块化结构，即：学习目的＋加工图纸及要求＋工艺分析和模型＋FANUC 程序＋刀具路径及切削验证，使学习成为多层次、多维度的求知探索。

　　本书适合从事数控加工的技术人员、编程人员、工程师和管理人员使用，也可供高等院校、职业技术学院相关专业师生参考。

图书在版编目（CIP）数据

　　数控铣床（加工中心）编程 100 例/刘蔡保编著. —北京：化学工业出版社，2024.3（2025.5 重印）
　　ISBN 978-7-122-44447-9

　　Ⅰ. ①数…　Ⅱ. ①刘… 　Ⅲ. ①数控机床-铣床-程序设计
Ⅳ. ①TG547

　　中国国家版本馆 CIP 数据核字（2023）第 216863 号

责任编辑：王　烨　陈　喆
责任校对：宋　玮　　　　　　　　　　装帧设计：王晓宇

出版发行：化学工业出版社
　　　　　（北京市东城区青年湖南街 13 号　邮政编码 100011）
印　　装：涿州市般润文化传播有限公司
880mm×1230mm　1/32　印张 11½　字数 349 千字
2025 年 5 月北京第 1 版第 2 次印刷

购书咨询：010-64518888　　　　　　售后服务：010-64518899
网　　址：http://www.cip.com.cn
凡购买本书，如有缺损质量问题，本社销售中心负责调换。

定　　价：69.80 元

本书是数控铣床手工编程的扩展和延伸，其中多用循环指令联合编程来实现加工程序。

本书从加工工艺角度考虑，在保证加工效率的前提下，按照简单到复杂的学习顺序，详细讲解了 100 个数控铣削零件的编程实例。

本书突出编程理念，在分析精讲编程方法的基础上，通过精心挑选的这 100 个实例，重点讲述了 FANUC 系统编程的思路和方法。

本书的编写有以下几方面特色。

◆ **精简扼要的编程理论**

通过精要的理论提炼，准确而完整地将普通程序和宏程序编程所需的知识点阐述出来，易于学习、吸收、升华。

◆ **极其宏大的百道例题**

为了巩固和升华基础编程的学习，本书从基础到高难度，在宁缺毋滥的前提下，按照学习的规律挑选了 100 道加工例题，涵盖了数控铣削的单层轮廓加工、多层阶台加工、宏程序轮廓加工、宏程序型腔加工、孔类综合加工和铣削综合加工，覆盖了铣削生产加工的方方面面。

◆ **五大模块相得益彰**

每一道例题，不是将程序单独罗列进行展示，而是通过五大模块"学习目的＋加工图纸及要求＋工艺分析和模型＋数控程序＋刀具路径及切削验证"的综合性讲解，使学习变成多层次、多维度的求知探索。

【学习目的】：简单说明本道例题必须掌握的知识点。

【加工图纸及要求】：通过工件图展示所编程工件的详细参数，三维图则演示其三维模型。

【工艺分析和模型】：用极精简的语言将宏程序（参数编程）编程的重点、要点阐述出来，配以完整的几何模型图，做到一例一分析、一例一模型。

几何模型图中的常用图例说明如下：

◕	坐标原点	↻	旋转中心点
●	刀具定位点(刀具起刀点)	○	关键节点
◉	圆心、多边形中心	■	加工坐标点
⭕	刀具定位点坐标	⟶	编程路径

【数控程序】：采用表格的形式将程序完整地呈现出来，通过加工区域、加工程序和加工说明三大块，让学习者完全领会每一步的意义所在。

【刀具路径及切削验证】：通过刀具路径的截图和切削模拟的视频，深入了解工件的切削过程，让学习者知道，原来这个程序是这样走刀的、要达到这样的效果。

书中采用的加工参数均以 7075 铝件作为切削参考（如图所示），不同加工对象，切削参数会略有不同。

书籍好比一架梯子，它能引导我们登上知识的殿堂；书籍如同一把钥匙，它能帮助我们开启心灵的智慧之窗。希望大家能够通过本书的学习，让自己的编程能力得到巩固与提高。

本书在编写过程中得到了内子徐小红女士的大力帮助，在此表示感谢。

编者水平所限，不足之处，敬请广大读者批评指正。

编著者

目录
Contents

第一章
单层轮廓加工

一、单圆角矩形台阶零件

1. 学习目的

① 思考加工轮廓的起点如何选择。

② 熟练掌握刀具补偿的应用。

③ 能迅速构建编程所使用的模型。

2. 加工图纸及要求

视频演示

数控加工如图 1.1 所示的零件，编制其加工的数控程序。

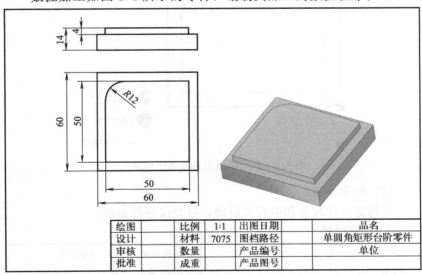

绘图		比例	1:1	出图日期		品名
设计		材料	7075	图档路径		单圆角矩形台阶零件
审核		数量		产品编号		单位
批准		成重		产品图号		

图 1.1　单圆角矩形台阶零件

3. 工艺分析和模型

(1) 工艺分析

该零件表面由一个带圆角的矩形台阶组成，零件图尺寸标注完整，符合数控加工尺寸标注要求；轮廓描述清楚完整；零件材料为7075铝，切削加工性能较好，无热处理和硬度要求。

（2）毛坯选择

零件材料为7075铝，60mm×60mm×14mm铝块。

（3）刀具选择

刀具号	刀具规格名称	加工内容	刀具特征	备注
T01	φ20mm 平底刀	外轮廓区域	HSS	

（4）几何模型

本例题采用一次性装夹，几何模型和编程路径示意图如图1.2所示。

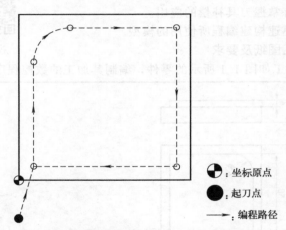

图1.2 几何模型和编程路径示意图

（5）数学计算

本例题工件尺寸和坐标值明确，可直接进行编程。

4. 数控程序

	G17 G54 G94；	选择平面、坐标系、分钟进给
开始	T01 D01；	换01号刀，预备01号半径补偿
	M03 S2000；	主轴正转、2000r/min
单圆角矩形	G00 X0 Y−15；	快速定位在工件左下角外侧
	Z5；	快速下刀

	G01 Z—4 F80;	进给下刀
单圆角矩形	G41 G01 X5 Y5 F200;	刀具左补偿,进给至矩形左下角点
	Y43;	铣削矩形的左边
	G02 X17 Y55 R12;	铣削左上角圆角
	G01 X55;	铣削矩形的上边
	Y5;	铣削矩形的右边
	X0;	铣削矩形的下边
	G00 Z2;	抬刀
	G40;	取消刀具补偿
结束	G91 G28 Z0;	刀具在 Z 向以增量方式自动返回参考点
	G28 X0 Y0;	刀具在 X 向和 Y 向自动返回参考点
	G90;	恢复绝对坐标值编程
	M05;	主轴停
	M02;	程序结束

5. 刀具路径及切削验证（图 1.3）

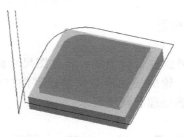

图 1.3　刀具路径及切削验证

二、单层圆形台阶零件

1. 学习目的
① 思考加工轮廓的起点如何选择。
② 熟练掌握直接编程和刀具补偿编程的区别。
③ 能迅速构建编程所使用的模型。

视频演示

2. 加工图纸及要求

数控加工如图 1.4 所示的零件，编制其加工的数控程序。

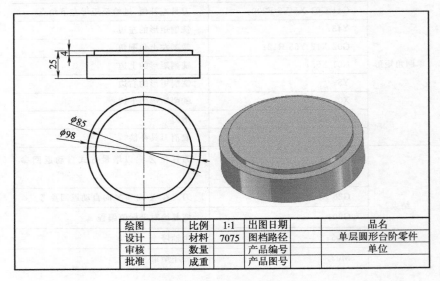

绘图		比例	1:1	出图日期		品名
设计		材料	7075	图档路径		单层圆形台阶零件
审核		数量		产品编号		单位
批准		成重		产品图号		

图 1.4　单层圆形台阶零件

3. 工艺分析和模型

(1) 工艺分析

该零件表面由外圆柱台阶组成，零件图尺寸标注完整，符合数控加工尺寸标注要求；轮廓描述清楚完整；零件材料为 7075 铝，切削加工性能较好，无热处理和硬度要求。

(2) 毛坯选择

零件材料为 7075 铝，$\phi 98mm \times 25mm$ 圆柱。

(3) 刀具选择

刀具号	刀具规格名称	加工内容	刀具特征	备注
T01	$\phi 20mm$ 平底刀	外轮廓区域	HSS	

(4) 几何模型

本例题采用一次性装夹，几何模型和编程路径示意图如图 1.5 所示。

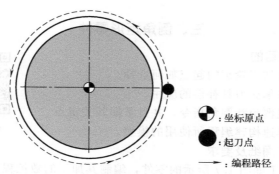

⊕：坐标原点

●：起刀点

——→：编程路径

图 1.5　几何模型和编程路径示意图

（5）数学计算

本例题工件尺寸和坐标值明确，可直接进行编程。

4. 数控程序

开始	G17 G54 G94；	选择平面、坐标系、分钟进给
	T01 M06；	换 01 号刀
	M03 S2000；	主轴正转、2000r/min
圆形	G00 X[85/2+10] Y0；	快速定位在整圆的右侧的起点上方
	Z5；	快速下刀
	G01 Z−4 F80；	进给下刀
	G02 I[−[85/2+10]] F200；	铣削整圆
	G00 Z2；	抬刀
结束	G91 G28 Z0；	刀具在 Z 向以增量方式自动返回参考点
	G28 X0 Y0；	刀具在 X 向和 Y 向自动返回参考点
	G90；	恢复绝对坐标值编程
	M05；	主轴停
	M02；	程序结束

5. 刀具路径及切削验证（图 1.6）

图 1.6　刀具路径及切削验证

三、倒角矩形零件

1. 学习目的

① 思考加工轮廓的起点如何选择。

② 熟练掌握刀具补偿的应用。

③ 知晓倒角和圆角指令，并且掌握其关键点。

④ 能迅速构建编程所使用的模型。

视频演示

2. 加工图纸及要求

数控加工如图 1.7 所示的零件，编制其加工的数控程序。

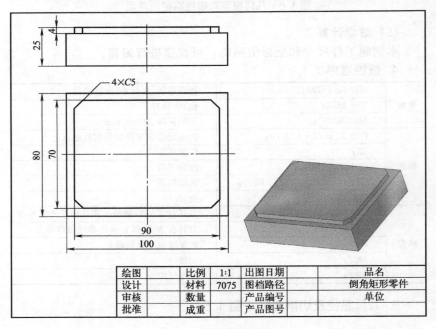

绘图		比例	1:1	出图日期		品名	
设计		材料	7075	图档路径		倒角矩形零件	
审核		数量		产品编号		单位	
批准		成重		产品图号			

图 1.7　倒角矩形零件

3. 工艺分析和模型

(1) 工艺分析

该零件表面由带倒角的矩形台阶组成，零件图尺寸标注完整，符合数控加工尺寸标注要求；轮廓描述清楚完整；零件材料为 7075 铝，切削加工性能较好，无热处理和硬度要求。

（2）毛坯选择

零件材料为 7075 铝，100mm×80mm×25mm 铝块。

（3）刀具选择

刀具号	刀具规格名称	加工内容	刀具特征	备注
T01	φ20mm 平底刀	外轮廓区域	HSS	

（4）几何模型

本例题采用一次性装夹，通过倒角指令直接加工出倒角。几何模型和编程路径示意图如图 1.8 所示。

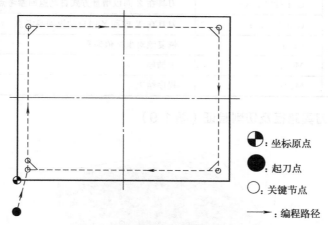

● ：坐标原点

● ：起刀点

○ ：关键节点

→ ：编程路径

图 1.8　几何模型和编程路径示意图

（5）数学计算

本例题工件尺寸和坐标值明确，可直接进行编程。

4. 数控程序

开始	G17 G54 G94；	选择平面、坐标系、分钟进给
	T01 D01；	换 01 号刀，预备 01 号半径补偿
	M03 S2000；	主轴正转、2000r/min
倒角矩形	G00 X0 Y−15；	快速定位在工件左下角外侧
	Z5；	快速下刀
	G01 Z−4 F80；	进给下刀
	G41 G01 X5 Y5 F200；	刀具左补偿，进给至矩形左下角点

	Y75,C5;	铣削矩形左边,并倒角 C5
	X95,C5;	铣削矩形上边,并倒角 C5
	Y5,C5;	铣削矩形右边,并倒角 C5
倒角矩形	X5,C5;	铣削矩形下边,并倒角 C5
	G01Y20;	倒角指令后面必须跟一句 G01
	G00 Z2;	抬刀
	G40;	取消刀具补偿
	G91 G28 Z0;	刀具在 Z 向以增量方式自动返回参考点
	G28 X0 Y0;	刀具在 X 向和 Y 向自动返回参考点
结束	G90;	恢复绝对坐标值编程
	M05;	主轴停
	M02;	程序结束

5. 刀具路径及切削验证（图1.9）

图1.9　刀具路径及切削验证

四、圆周键槽零件

1. 学习目的

① 思考整个加工过程的起点如何选择。

② 熟练掌握基本指令的编程方法。

③ 掌握带运算的程序编写方法。

④ 能迅速构建编程所使用的模型。

视频演示

2. 加工图纸及要求

数控加工如图 1.10 所示的零件，编制其加工的数控程序。

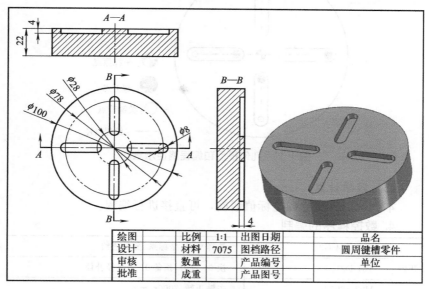

图 1.10　圆周键槽零件

绘图		比例	1:1	出图日期		品名	
设计		材料	7075	图档路径		圆周键槽零件	
审核		数量		产品编号		单位	
批准		成重		产品图号			

3. 工艺分析和模型

（1）工艺分析

该零件表面由 4 个键槽等组成，零件图尺寸标注完整，符合数控加工尺寸标注要求；轮廓描述清楚完整；零件材料为 7075 铝，切削加工性能较好，无热处理和硬度要求。

（2）毛坯选择

零件材料为 7075 铝，$\phi100\text{mm} \times 22\text{mm}$ 圆柱。

（3）刀具选择

刀具号	刀具规格名称	加工内容	刀具特征	备注
T01	$\phi10\text{mm}$ 平底刀	键槽区域	HSS	

（4）几何模型

本例题采用一次性装夹，几何模型和编程路径示意图如图 1.11 所示。

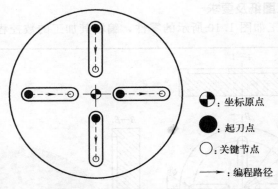

◑	：坐标原点
⬤	：起刀点
○	：关键节点
→	：编程路径

图 1.11　几何模型和编程路径示意图

(5) 数学计算

本例题工件尺寸和坐标值明确,可直接进行编程。

4. 数控程序的编制

	G17 G54 G94;	选择平面、坐标系、分钟进给
开始	T01 D01;	换 01 号刀,预备 01 号半径补偿
	M03 S2000;	主轴正转、2000r/min
键槽	G00 X[−78/2] Y0;	定位在左侧键槽起点上方
	Z5;	快速下刀
	G01 Z−4 F80;	进给下刀
	X[−28/2] F300;	铣削左侧键槽
	G00 Z2;	抬刀
	X[28/2];	定位在右侧键槽起点上方
	G01 Z−4 F80;	进给下刀
	X[78/2] F300;	铣削右侧键槽
	G00 Z2;	抬刀
	X0 Y[78/2];	定位在上侧键槽起点上方
	G01 Z−4 F80;	进给下刀
	Y[28/2] F300;	铣削上侧键槽
	G00 Z2;	抬刀
	Y[−28/2];	定位在下侧键槽起点上方

	G01 Z−4 F80；	进给下刀
键槽	Y[−78/2] F300；	铣削下侧键槽
	G00 Z2；	抬刀
	G91 G28 Z0；	刀具在 Z 向以增量方式自动返回参考点
	G28 X0 Y0；	刀具在 X 向和 Y 向自动返回参考点
结束	G90；	恢复绝对坐标值编程
	M05；	主轴停
	M02；	程序结束

5. 刀具路径及切削验证（图 1.12）

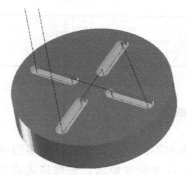

图 1.12　刀具路径及切削验证

五、对称线槽零件

1. 学习目的

① 思考加工轮廓的起点如何选择。

② 熟练掌握旋转指令 G68 和子程序编程的联合编程操作。

③ 厘清子程序的轮廓设计思路，采用最优化的方案编程。

视频演示

④ 能迅速构建编程所使用的模型。

2. 加工图纸及要求

数控加工如图 1.13 所示的零件，编制其加工的数控程序。

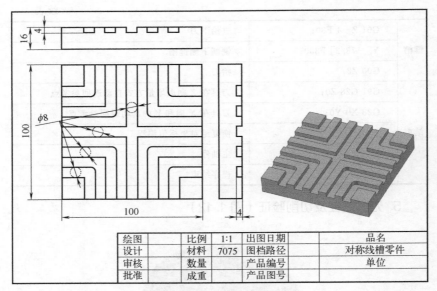

图 1.13 对称线槽零件

3. 工艺分析和模型

(1) 工艺分析

该零件表面由多组不同形状的型腔台阶等组成，零件图尺寸标注完整，符合数控加工尺寸标注要求；轮廓描述清楚完整；零件材料为7075 铝，切削加工性能较好，无热处理和硬度要求。

(2) 毛坯选择

零件材料为 7075 铝，100mm×100mm×16mm 铝块。

(3) 刀具选择

刀具号	刀具规格名称	加工内容	刀具特征	备注
T01	φ8mm 平底刀	型腔区域	HSS	

(4) 几何模型

本例题采用一次性装夹，几何模型和编程路径示意图如图 1.14 所示。

(5) 数学计算

本例题工件尺寸和坐标值明确，可直接进行编程。

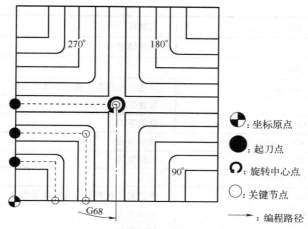

图 1.14　几何模型和编程路径示意图

右侧图例：
- 坐标原点
- 起刀点
- 旋转中心点
- 关键节点
- 编程路径

4. 宏程序

主程序

开始	G17 G54 G94；	选择平面、坐标系、分钟进给
	T01 M06；	换 01 号刀
	M03 S2000；	主轴正转、2000r/min
线槽	M98 P0050；	加工左下角区域
	G68 X50 Y50 R90；	工件坐标轴旋转 90°
	M98 P0050；	加工右下角区域
	G69；	取消坐标旋转
	G68 X50 Y50 R180；	工件坐标轴旋转 180°
	M98 P0050；	加工右上角区域
	G69；	取消坐标旋转
	G68 X50 Y50 R270；	工件坐标轴旋转 270°
	M98 P0050；	加工左上角区域
	G69；	取消坐标旋转
结束	G91 G28 Z0；	刀具在 Z 向以增量方式自动返回参考点
	G28 X0 Y0；	刀具在 X 向和 Y 向自动返回参考点
	G90；	恢复绝对坐标值编程

结束	M05;	主轴停
	M02;	程序结束
子程序	O0050;	
直角槽＋直槽	G00 X0 Y20;	快速定位在左下角小折线起点处
	Z5;	快速下刀
	G01 Z－4 F80;	进给下刀
	X20 F300;	铣削横线
	Y0;	铣削竖线
	G00 Z2;	抬刀
	X0 Y35;	快速定位在左下角大折线起点处
	G01 Z－4 F80;	进给下刀
	X35 F300;	铣削横线
	Y0;	铣削竖线
	G00 Z2;	抬刀
	X0 Y50;	快速定位在中间横线起点处
	G01 Z－4 F80;	进给下刀
	X50 F300;	铣削至直槽的一半
	G00 Z2;	抬刀
	M99;	子程序结束

5. 刀具路径及切削验证（图 1.15）

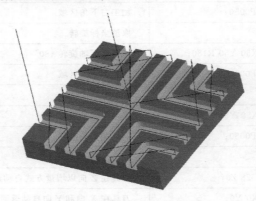

图 1.15　刀具路径及切削验证

六、圆弧台阶直槽零件

1. 学习目的

① 思考加工轮廓的起点如何选择。

② 熟练掌握刀具补偿的使用。

③ 掌握不同区域之间连接的走刀。

④ 能迅速构建编程所使用的模型。

视频演示

2. 加工图纸及要求

数控加工如图 1.16 所示的零件，编制其加工的数控程序。

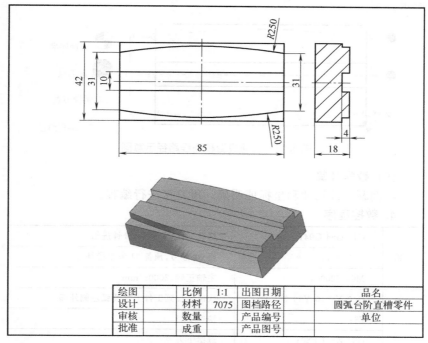

绘图		比例	1:1	出图日期		品名	
设计		材料	7075	图档路径		圆弧台阶直槽零件	
审核		数量		产品编号		单位	
批准		成重		产品图号			

图 1.16　圆弧台阶直槽零件

3. 工艺分析和模型

（1）工艺分析

该零件表面由外轮廓和直槽等组成，零件图尺寸标注完整，符合数控加工尺寸标注要求；轮廓描述清楚完整；零件材料为 7075 铝，切削加工性能较好，无热处理和硬度要求。

（2）毛坯选择

零件材料为 7075 铝，85mm×42mm×18mm 铝块。

（3）刀具选择

刀具号	刀具规格名称	加工内容	刀具特征	备注
T01	φ10mm 平底刀	型腔区域	HSS	

（4）几何模型

本例题采用一次性装夹，几何模型和编程路径示意图如图 1.17
所示。

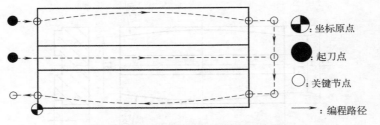

图 1.17　几何模型和编程路径示意图

（5）数学计算

本例题工件尺寸和坐标值明确，可直接进行编程。

4. 数控程序

	G17 G54 G94；	选择平面、坐标系、分钟进给
开始	T01 D01；	换 01 号刀，预备 01 号半径补偿
	M03 S2000；	主轴正转，2000r/min
椭圆弧	G00 X−10 Y36.5	快速定位到工件上部圆弧左侧外部
	Z5；	快速下刀
	G01 Z−4 F80；	进给下刀
	G41 X0 Y36.5 F300；	刀具左补偿，进刀至圆弧起点
	G02 X85 R250；	铣削上方 R250 顺时针圆弧
	G01 X95；	进给至工件外侧
	Y5.5；	进给至下侧圆弧的右侧
	X85；	进刀至圆弧起点

	G02 X0 R250；	铣削下方 R250 顺时针圆弧
椭圆弧	G01 X−10；	移出工件
	G40；	取消刀具补偿
	G00 Y21；	定位在中间直槽左侧
直槽	G01 X[85+10] F300；	铣削直槽
	G00 Z2；	抬刀
	G91 G28 Z0；	刀具在 Z 向以增量方式自动返回参考点
	G28 X0 Y0；	刀具在 X 向和 Y 向自动返回参考点
结束	G90；	恢复绝对坐标值编程
	M05；	主轴停
	M02；	程序结束

5. 刀具路径及切削验证（图 1.18）

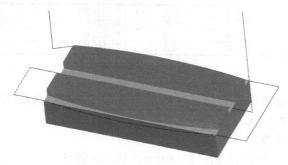

图 1.18　刀具路径及切削验证

七、圆柱流道零件

1. 学习目的

① 思考加工轮廓的起点如何选择。

② 熟练掌握旋转指令 G68 和子程序编程的联合编程操作。

视频演示

③ 分析子程序的轮廓设计思路，采用最优化的方案编程。

2. 加工图纸及要求

数控加工如图 1.19 所示的零件，编制其加工的数控程序。

3. 工艺分析和模型

（1）工艺分析

该零件表面由多组型腔等组成，零件图尺寸标注完整，符合数控

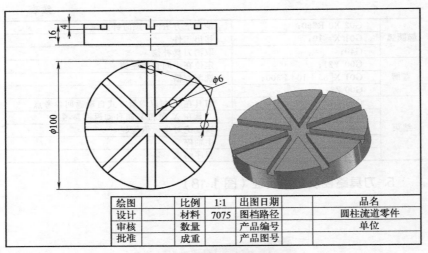

图 1.19 圆柱流道零件

加工尺寸标注要求；轮廓描述清楚完整；零件材料为 7075 铝，切削加工性能较好，无热处理和硬度要求。

(2) 毛坯选择

零件材料为 7075 铝，φ100mm×16mm 圆柱。

刀具号	刀具规格名称	加工内容	刀具特征	备注
T01	φ6mm 平底刀	直线槽区域	HSS	

本例题采用一次性装夹，几何模型和编程路径示意图如图 1.20 所示。

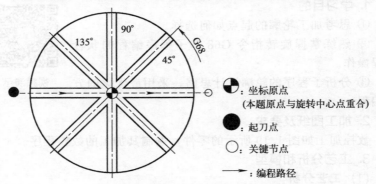

图 1.20　几何模型和编程路径示意图

（3）数学计算

本例题工件尺寸和坐标值明确，可直接进行编程。

4. 数控程序

主程序		
开始	G17 G54 G94；	选择平面、坐标系、分钟进给
	T01 M06；	换 01 号刀
	M03 S2000；	主轴正转、2000r/min
流道区域	M98 P0051；	加工 0°直线
	G68 X0 Y0 R45；	工件坐标旋转 45°
	M98 P0051；	加工 45°直线
	G69；	取消坐标旋转
	G68 X0 Y0 R90；	工件坐标旋转 90°
	M98 P0051；	加工 90°直线
	G69；	取消坐标旋转
	G68 X0 Y0 R135；	工件坐标旋转 135°
	M98 P0051；	加工 135°直线
	G69；	取消坐标旋转
结束	G91 G28 Z0；	刀具在 Z 向以增量方式自动返回参考点
	G28 X0 Y0；	刀具在 X 向和 Y 向自动返回参考点
	G90；	恢复绝对坐标值编程
	M05；	主轴停
	M02；	程序结束
子程序	O0051；	
直槽	G00 Z5；	快速下刀
	X−60 Y0；	快速定位在圆的左侧上方
	G01 Z−4 F80；	进给下刀
	X60 F300；	铣削中间的水平直线
	G00 Z2；	抬刀
	M99；	子程序结束

5. 刀具路径及切削验证（图 1.21）

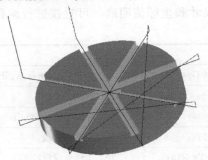

图 1.21　刀具路径及切削验证

八、矩形配合模块零件

1. 学习目的

① 思考加工轮廓的起点如何选择。

② 分析子程序的轮廓设计思路，掌握周期性路径的编程方法，采用最优化的方案编程。

③ 能迅速构建编程所使用的模型。

视频演示

2. 加工图纸及要求

数控加工如图 1.22 所示的零件，编制其加工的数控程序。

3. 工艺分析和模型

（1）工艺分析

该零件表面由多组外表面组成，零件图尺寸标注完整，符合数控加工尺寸标注要求；轮廓描述清楚完整；零件材料为 7075 铝，切削加工性能较好，无热处理和硬度要求。

（2）毛坯选择

零件材料为 7075 铝，100mm×50mm×14mm 铝块。

（3）刀具选择

刀具号	刀具规格名称	加工内容	刀具特征	备注
T01	φ10mm 平底刀	型腔区域	HSS	

（4）几何模型

本例题采用一次性装夹，几何模型和编程路径示意图如图 1.23 所示。

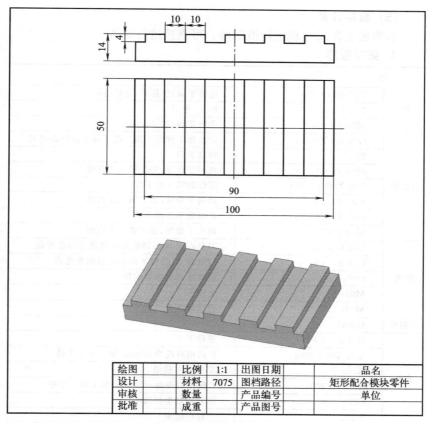

绘图		比例	1:1	出图日期		品名	
设计		材料	7075	图档路径		矩形配合模块零件	
审核		数量		产品编号		单位	
批准		成重		产品图号			

图 1.22　矩形配合模块零件

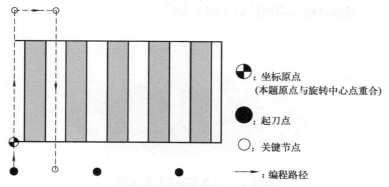

: 坐标原点
(本题原点与旋转中心点重合)

: 起刀点

: 关键节点

——: 编程路径

图 1.23　几何模型和编程路径示意图

(5) 数学计算

本例题工件尺寸和坐标值明确，可直接进行编程。

4. 数控程序

主程序

开始	G17 G54 G94；	选择平面、坐标系、分钟进给
	T01 M06；	换 01 号刀
	M03 S2000；	主轴正转、2000r/min
直槽组	G00 X0 Y−15；	定位在工件左下角点的下侧准备外部进刀
	Z5；	快速下刀
	M98 P0051；	调用子程序，加工第 1、2 直槽
	G00 X40 Y−15；	定位到第 3 槽下方
	M98 P0051；	调用子程序，加工第 3、4 直槽
	G00 X80 Y−15；	定位到第 5 槽下方
	M98 P0051；	调用子程序，加工第 5、6 直槽
结束	G91 G28 Z0；	刀具在 Z 向以增量方式自动返回参考点
	G28 X0 Y0；	刀具在 X 向和 Y 向自动返回参考点
	G90；	恢复绝对坐标值编程
	M05；	主轴停
	M02；	程序结束

子程序	O0051；	
直槽	G01 Z−4 F80；	进给下刀
	G91 Y80 F300；	Y 向相对进给 80mm，加工第 1 个槽
	X20；	X 向相对进给 20mm
	Y−80 F300；	Y 向相对进给−80mm，加工第 2 个槽
	G90；	恢复绝对坐标值编程
	M99；	子程序结束

5. 刀具路径及切削验证（图 1.24）

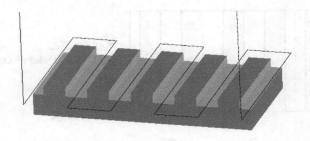

图 1.24　刀具路径及切削验证

九、正六边形台阶零件

1. 学习目的

① 思考加工轮廓的起点如何选择。

② 熟练掌握利用三角函数来计算加工点的方法。

③ 熟练掌握刀具补偿的应用。

④ 注意最后一刀的过切或切不到位的解决方法。

⑤ 能迅速构建编程所使用的模型。

视频演示

2. 加工图纸及要求

数控加工如图 1.25 所示的零件，编制其加工的数控程序。

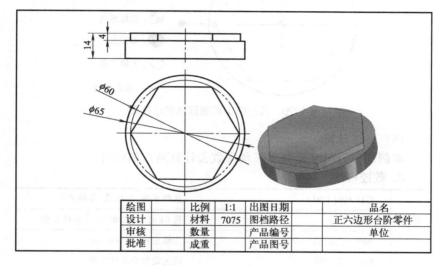

绘图		比例	1:1	出图日期		品名	
设计		材料	7075	图档路径		正六边形台阶零件	
审核		数量		产品编号		单位	
批准		成重		产品图号			

图 1.25　正六边形台阶零件

3. 工艺分析和模型

(1) 工艺分析

该零件表面由正多边形台阶组成，零件图尺寸标注完整，符合数控加工尺寸标注要求；轮廓描述清楚完整；零件材料为 7075 铝，切削加工性能较好，无热处理和硬度要求。

(2) 毛坯选择

零件材料为 7075 铝，ϕ65mm×14mm 圆柱。

(3) 刀具选择

刀具号	刀具规格名称	加工内容	刀具特征	备注
T01	ϕ20mm 平底刀	外轮廓区域	HSS	

(4) 几何模型

本例题采用一次性装夹，几何模型和编程路径示意图如图 1.26 所示。

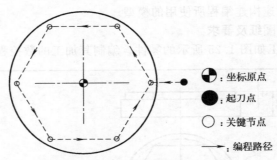

图 1.26　几何模型和编程路径示意图

(5) 数学计算

本例题工件尺寸需要用三角函数去计算角点的位置。

4. 数控程序

	G17 G54 G94;	选择平面、坐标系、分钟进给
开始	T01 D01;	换 01 号刀,预备 01 号半径补偿
	M03 S2000;	主轴正转、2000r/min
	G00 X45 Y0;	快速定位在工件右侧
	Z5;	快速下刀
	G01 Z−4 F80;	进给下刀
	G42 G01 X30 Y0 F300;	刀具左补偿,铣削至 0°位置的角点
六边形	X[30 * COS60] Y[30 * SIN60];	铣削至 60°位置的角点
	X[30 * COS120] Y[30 * SIN120];	铣削至 120°位置的角点
	X[30 * COS180] Y[30 * SIN180];	铣削至 180°位置的角点
	X[30 * COS240] Y[30 * SIN240];	铣削至 240°位置的角点
	X[30 * COS300] Y[30 * SIN300];	铣削至 300°位置的角点

六边形	X30 Y0;	铣削至 0°位置的角点
	Y15;	Y 向走一刀,避免最后铣不到位
	G40;	取消刀具补偿
结束	G91 G28 Z0;	刀具在 Z 向以增量方式自动返回参考点
	G28 X0 Y0;	刀具在 X 向和 Y 向自动返回参考点
	G90;	恢复绝对坐标值编程
	M05;	主轴停
	M02;	程序结束

5. 刀具路径及切削验证（图 1.27）

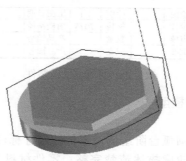

图 1.27　刀具路径及切削验证

十、等圆弧台阶零件

1. 学习目的
① 思考加工轮廓的起点如何选择。
② 熟练掌握刀具补偿的应用。
③ 注意最后一刀的过切或切不到位的解决方法。
④ 能迅速构建编程所使用的模型。

视频演示

2. 加工图纸及要求
数控加工如图 1.28 所示的零件,编制其加工的数控程序。

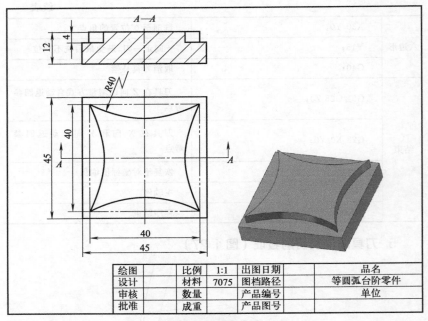

图 1.28 等圆弧台阶零件

3. 工艺分析和模型

(1) 工艺分析

该零件表面由圆弧台阶组成，零件图尺寸标注完整，符合数控加工尺寸标注要求；轮廓描述清楚完整；零件材料为 7075 铝，切削加工性能较好，无热处理和硬度要求。

(2) 毛坯选择

零件材料为 7075 铝，45mm×45mm×12mm 铝块。

(3) 刀具选择

刀具号	刀具规格名称	加工内容	刀具特征	备注
T01	φ20mm 平底刀	外轮廓区域	HSS	

(4) 几何模型

本例题采用一次性装夹，几何模型和编程路径示意图如图 1.29 所示。

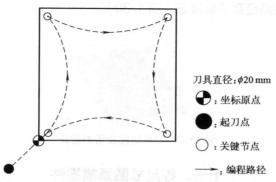

刀具直径：φ20 mm

◐：坐标原点

●：起刀点

○：关键节点

——→：编程路径

图 1.29　几何模型和编程路径示意图

(5) 数学计算

本例题工件尺寸和坐标值明确，可直接进行编程。

4. 数控程序

开始	G17 G54 G94；	选择平面、坐标系、分钟进给
	T01 D01；	换 01 号刀，预备 01 号半径补偿
	M03 S2000；	主轴正转，2000r/min
四边圆弧	G00 X−10 Y−10；	快速定位在工件左下角外侧
	Z5；	快速下刀
	G01 Z−4 F80；	进给下刀
	G41 G01 X2.5 Y2.5 F300；	刀具加补偿，铣削至圆弧起点
	G03 Y42.5 R40；	铣削左边的圆弧
	G03 X42.5 R40；	铣削上边的圆弧
	G03 Y2.5 R40；	铣削右边的圆弧
	G03 X2.5 R40；	铣削下边的圆弧
	G01 X−10 Y−10；	退出工件
	G40；	取消刀具补偿
结束	G91 G28 Z0；	刀具在 Z 向以增量方式自动返回参考点
	G28 X0 Y0；	刀具在 X 向和 Y 向自动返回参考点
	G90；	恢复绝对坐标值编程
	M05；	主轴停
	M02；	程序结束

5. 刀具路径及切削验证（图1.30）

图1.30 刀具路径及切削验证

十一、等尺寸圆弧槽零件

1. 学习目的

① 思考加工轮廓的起点如何选择。

② 熟练掌握旋转指令 G68 和子程序编程的联合编程操作。

视频演示

③ 掌握子程序的刀具路径的设计。

④ 能迅速构建编程所使用的模型。

2. 加工图纸及要求

数控加工如图1.31所示的零件，编制其加工的数控程序。

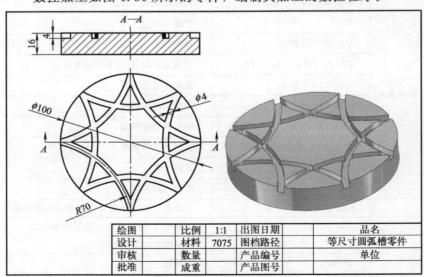

绘图		比例	1:1	出图日期		品名	
设计		材料	7075	图档路径		等尺寸圆弧槽零件	
审核		数量		产品编号		单位	
批准		成重		产品图号			

图1.31 等尺寸圆弧槽零件

3. 工艺分析和模型

(1) 工艺分析

该零件表面由圆弧槽组成，零件图尺寸标注完整，符合数控加工尺寸标注要求；轮廓描述清楚完整；零件材料为 7075 铝，切削加工性能较好，无热处理和硬度要求。

(2) 毛坯选择

零件材料为 7075 铝，ϕ100mm×16mm 圆柱。

(3) 刀具选择

刀具号	刀具规格名称	加工内容	刀具特征	备注
T01	ϕ4mm 平底刀	圆弧槽区域	HSS	

(4) 几何模型

本例题采用一次性装夹，几何模型和编程路径示意图如图 1.32 所示。

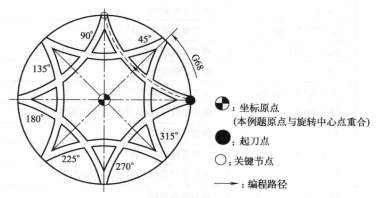

图 1.32　几何模型和编程路径示意图

(5) 数学计算

本例题工件尺寸和坐标值明确，可直接进行编程。

4. 数控程序

主程序		
开始	G17 G54 G94；	选择平面、坐标系、分钟进给
	T01 M06；	换 01 号刀
	M03 S2000；	主轴正转、2000r/min

	M98 P0051;	调用子程序,加工 0°起始的圆弧
	G68 X0 Y0 R45;	工件坐标旋转 45°
	M98 P0051;	调用子程序,加工 45°起始的圆弧
	G69;	取消坐标旋转
	G68 X0 Y0 R90;	工件坐标旋转 90°
	M98 P0051;	调用子程序,加工 90°起始的圆弧
	G69;	取消坐标旋转
	G68 X0 Y0 R135;	工件坐标旋转 135°
	M98 P0051;	调用子程序,加工 135°起始的圆弧
	G69;	取消坐标旋转
圆弧组	G68 X0 Y0 R180;	工件坐标旋转 180°
	M98 P0051;	调用子程序,加工 180°起始的圆弧
	G69;	取消坐标旋转
	G68 X0 Y0 R225;	工件坐标旋转 225°
	M98 P0051;	调用子程序,加工 225°起始的圆弧
	G69;	取消坐标旋转
	G68 X0 Y0 R270;	工件坐标旋转 270°
	M98 P0051;	调用子程序,加工 270°起始的圆弧
	G69;	取消坐标旋转
	G68 X0 Y0 R315;	工件坐标旋转 315°
	M98 P0051;	调用子程序,加工 315°起始的圆弧
	G69;	取消坐标旋转
	G91 G28 Z0;	刀具在 Z 向以增量方式自动返回参考点
	G28 X0 Y0;	刀具在 X 向和 Y 向自动返回参考点
结束	G90;	恢复绝对坐标值编程
	M05;	主轴停
	M02;	程序结束
子程序	O0051;	
0°~ 90°圆弧	G00 X50 Y0;	快速定位在圆的右侧上方

0°~ 90°圆弧	Z5；	快速下刀
	G01 Z－4 F80；	进给下刀
	G02 X0 Y50 R70 F100；	铣削 R70 圆弧
	G00 Z2；	抬刀
	M99；	子程序结束

5. 刀具路径及切削验证（图 1.33）

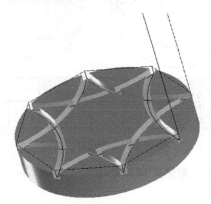

图 1.33　刀具路径

十二、凸轮配合零件

1. 学习目的

① 思考加工轮廓的起点如何选择。

② 熟练掌握利用三角函数来计算加工点的方法。

③ 熟练掌握刀具补偿的应用。

④ 注意最后一刀的过切或切不到位的解决方法。

⑤ 能迅速构建编程所使用的模型。

视频演示

2. 加工图纸及要求

数控加工如图 1.34 所示的零件，编制其加工的数控程序。

3. 工艺分析和模型

(1) 工艺分析

该零件表面由三段圆弧台阶等组成，零件图尺寸标注完整，符合数控加工尺寸标注要求；轮廓描述清楚完整；零件材料为 7075 铝，

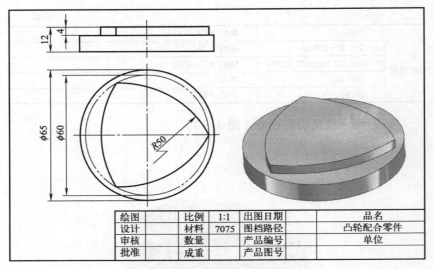

图 1.34 凸轮配合零件

绘图		比例	1:1	出图日期		品名	
设计		材料	7075	图档路径		凸轮配合零件	
审核		数量		产品编号		单位	
批准		成重		产品图号			

切削加工性能较好，无热处理和硬度要求。

（2）毛坯选择

零件材料为 7075 铝，ϕ65mm×12mm 圆柱。

（3）刀具选择

刀具号	刀具规格名称	加工内容	刀具特征	备注
T01	ϕ20mm 平底刀	外轮廓区域	HSS	

（4）几何模型

本例题采用一次性装夹，几何模型和编程路径示意图如图 1.35 所示。

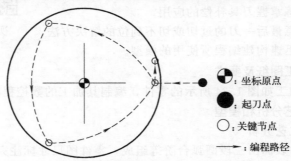

○ ：坐标原点

● ：起刀点

○ ：关键节点

→ ：编程路径

图 1.35 几何模型和编程路径示意图

(5) 数学计算

本例题需要计算圆弧的坐标值，可采用三角函数进行计算。

4. 数控程序

开始	G17 G54 G94；	选择平面、坐标系、分钟进给
	T01 D01；	换 01 号刀，预备 01 号半径补偿
	M03 S2000；	主轴正转、2000r/min
凸轮边	G00 X45 Y0；	快速定位在工件右侧
	Z5；	快速下刀
	G01 Z—4 F80；	进给下刀
	G42 G01 X30 Y0 F300；	刀具右补偿，铣削至 0°位置的角点
	G03 X［30＊COS120］Y［30＊SIN120］R50；	铣削至 120°位置的圆弧
	G03 X［30＊COS240］Y［30＊SIN240］R50；	铣削至 240°位置的圆弧
	G03 X［30＊COS360］Y［30＊SIN360］R50；	铣削至 360°位置的圆弧
	G01 Y10；	向上走刀，避免直接取消刀补切不到位
	X45；	退出工件
	G40；	取消刀具补偿
结束	G91 G28 Z0；	刀具在 Z 向以增量方式自动返回参考点
	G28 X0 Y0；	刀具在 X 向和 Y 向自动返回参考点
	G90；	恢复绝对坐标值编程
	M05；	主轴停
	M02；	程序结束

5. 刀具路径及切削验证（图1.36）

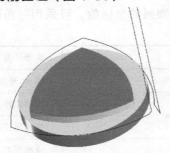

图1.36　刀具路径及切削验证

十三、网纹直槽零件

1. 学习目的

① 思考加工轮廓的起点如何选择。

② 分析子程序的轮廓设计思路，掌握周期性路径
的编程方法，采用最优化的方案编程。

③ 能迅速构建编程所使用的模型。

视频演示

2. 加工图纸及要求

数控加工如图1.37所示的零件，编制其加工的数控程序。

3. 工艺分析和模型

（1）工艺分析

该零件表面由多组斜线构成的槽组成，零件图尺寸标注完整，符
合数控加工尺寸标注要求；轮廓描述清楚完整；零件材料为7075铝，
切削加工性能较好，无热处理和硬度要求。

（2）毛坯选择

零件材料为7075铝，240mm×70mm×20mm铝块。

（3）刀具选择

刀具号	刀具规格名称	加工内容	刀具特征	备注
T01	φ6mm平底刀	直槽区域	HSS	

（4）几何模型

本例题采用一次性装夹，几何模型和编程路径示意图如图1.38
所示。

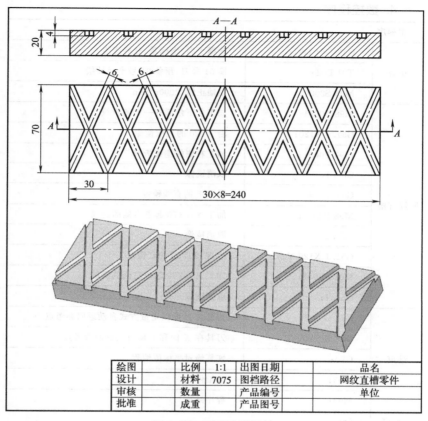

图 1.37　网纹直槽零件

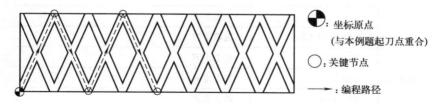

坐标原点
（与本例题起刀点重合）

○：关键节点

——：编程路径

图 1.38　几何模型和编程路径示意图

（5）数学计算

本例题工件尺寸和坐标值明确，可直接进行编程。

4. 数控程序

	主程序		
开始	G17 G54 G94；	选择平面、坐标系、分钟进给	
	T01 D01；	换 01 号刀，预备 01 号半径补偿	
	M03 S2000；	主轴正转、2000r/min	
网纹直槽	M98 P0051；	加工左下角起的一半的折线	
	G51.1 X120；	沿 X120 的直线镜像	
	M98 P0051；	加工右侧的连续折线	
	G50.1；	取消镜像	
	G51.1 Y35；	沿 Y35 的直线镜像	
	M98 P0051；	加工 X0，Y70 起点右侧的折线	
	G50.1；	取消镜像	
	G51.1 X120 Y35；	沿 X120Y35 的点镜像	
	M98 P0051；	加工 X0，Y70 起点右侧的折线	
	G50.1；	取消镜像	
结束	G91 G28 Z0；	刀具在 Z 向以增量方式自动返回参考点	
	G28 X0 Y0；	刀具在 X 向和 Y 向自动返回参考点	
	G90；	恢复绝对坐标值编程	
	M05；	主轴停	
	M02；	程序结束	
子程序	O0051；		
2 组折线	G00 X0 Y0；	定位折线起点的上方	
	Z5；	快速下刀	
	G01 Z－4 F80；	进给下刀	
	X30 Y70；	斜上走刀	
	X60 Y0；	斜下走刀	
	X90 Y70；	斜上走刀	
	X120 Y0；	斜下走刀	
	G00 Z2；	抬刀	
	M99；	子程序结束	

5. 刀具路径及切削验证（图 1.39）

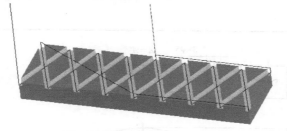

图 1.39　刀具路径及切削验证

十四、圆环阵列零件

1. 学习目的

① 思考加工轮廓的起点如何选择。

② 熟练掌握旋转指令 G68 和子程序编程的联合编程操作。

视频演示

③ 掌握子程序的刀具路径的设计。

④ 能迅速构建编程所使用的模型。

2. 加工图纸及要求

数控加工如图 1.40 所示的零件，编制其加工的数控程序。

3. 工艺分析和模型

（1）工艺分析

该零件表面由圆环阵列的槽组成，零件图尺寸标注完整，符合数控加工尺寸标注要求；轮廓描述清楚完整；零件材料为 7075 铝，切削加工性能较好，无热处理和硬度要求。

（2）毛坯选择

零件材料为 7075 铝，$\phi 72\text{mm} \times 12\text{mm}$ 圆柱。

（3）刀具选择

刀具号	刀具规格名称	加工内容	刀具特征	备注
T01	$\phi 2\text{mm}$ 平底刀	圆环区域	HSS	
T02	$\phi 5\text{mm}$ 钻头	阵列孔区域	HSS	

（4）几何模型

本例题采用一次性装夹，几何模型和编程路径示意图如图 1.41 所示。

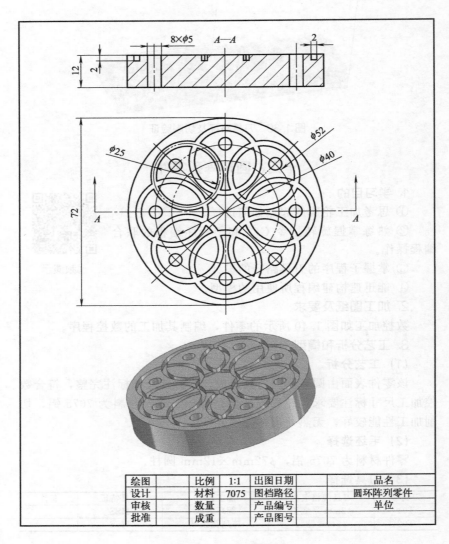

图 1.40 圆环阵列零件

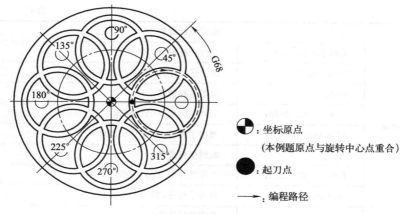

图 1.41　几何模型和编程路径示意图

(5) 数学计算

本例题工件尺寸和坐标值明确，可直接进行编程。

4. 数控程序

主程序

	G17 G54 G94;	选择平面、坐标系、分钟进给
开始	T01 M06;	换 01 号刀
	M03 S2000;	主轴正转、2000r/min
圆环阵列	M98 P0051;	加工 0°圆环
	G68 X0 Y0 R45;	工件坐标沿 X0Y0 旋转 45°
	M98 P0051;	调用子程序，加工 45°圆环
	G69;	取消坐标旋转
	G68 X0 Y0 R90;	工件坐标沿 X0Y0 旋转 90°
	M98 P0051;	调用子程序，加工 90°圆环
	G69;	取消坐标旋转
	G68 X0 Y0 R135;	工件坐标沿 X0Y0 旋转 135°
	M98 P0051;	调用子程序，加工 135°圆环
	G69;	取消坐标旋转
	G68 X0 Y0 R180;	工件坐标沿 X0Y0 旋转 180°
	M98 P0051;	调用子程序，加工 180°圆环

	G69；	取消坐标旋转
	G68 X0 Y0 R225；	工件坐标沿 X0Y0 旋转 225°
	M98 P0051；	调用子程序，加工 225°圆环
	G69；	取消坐标旋转
圆环 阵列	G68 X0 Y0 R270；	工件坐标沿 X0Y0 旋转 270°
	M98 P0051；	调用子程序，加工 270°圆环
	G69；	取消坐标旋转
	G68 X0 Y0 R315；	工件坐标沿 X0Y0 旋转 315°
	M98 P0051；	调用子程序，加工 315°圆环
	G69；	取消坐标旋转
	G00 Z100；	抬刀
	T02 M06；	换 02 号钻头
	M98 P0052；	加工 0°孔
	G68 X0 Y0 R45；	工件坐标沿 X0Y0 旋转 45°
	M98 P0052；	调用子程序，加工 45°孔
	G69；	取消坐标旋转
	G68 X0 Y0 R90；	工件坐标沿 X0Y0 旋转 90°
	M98 P0052；	调用子程序，加工 90°孔
	G69；	取消坐标旋转
圆周阵 列孔	G68 X0 Y0 R135；	工件坐标沿 X0Y0 旋转 135°
	M98 P0052；	调用子程序，加工 135°孔
	G69；	取消坐标旋转
	G68 X0 Y0 R180；	工件坐标沿 X0Y0 旋转 180°
	M98 P0052；	调用子程序，加工 180°孔
	G69；	取消坐标旋转
	G68 X0 Y0 R225；	工件坐标沿 X0Y0 旋转 225°
	M98 P0052；	调用子程序，加工 225°孔
	G69；	取消坐标旋转
	G68 X0 Y0 R270；	工件坐标沿 X0Y0 旋转 270°

	M98 P0052;	调用子程序,加工 270°孔
圆周阵列孔	G69;	取消坐标旋转
	G68 X0 Y0 R315;	工件坐标沿 X0Y0 旋转 315°
	M98 P0052;	调用子程序,加工 315°孔
	G69;	取消坐标旋转
结束	G91 G28 Z0;	刀具在 Z 向以增量方式自动返回参考点
	G28 X0 Y0;	刀具在 X 向和 Y 向自动返回参考点
	G90;	恢复绝对坐标值编程
	M05;	主轴停
	M02;	程序结束
子程序	O0051;	
0°圆环	G00 X7.5 Y0;	定位在 0°圆的上方
	Z2;	快速下刀
	G01 Z−2 F30;	进给下刀
	G02 I12.5 F80;	铣削整圆
	G00 Z2;	抬刀
	M99;	子程序结束
子程序	O0052;	
0°孔	G00 X26 Y0;	定位在 0°圆的上方
	Z2;	快速下刀
	G01 Z−14 F30;	钻孔,钻通
	Z2 F500;	抬刀
	M99;	子程序结束

5. 刀具路径及切削验证（图 1.42）

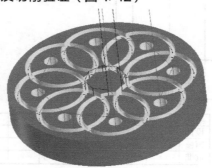

图 1.42　刀具路径及切削验证

第二章
多层阶台加工

一、双阶台模块零件

1. 学习目的

① 思考加工轮廓的起点如何选择。

② 熟练掌握镜像指令 G51.1 和子程序编程的联合编程操作。

视频演示

③ 掌握子程序的刀具路径的设计。

④ 掌握多层加工深度的编程。

⑤ 能迅速构建编程所使用的模型。

2. 加工图纸及要求

数控加工如图 2.1 所示的零件，编制其加工的数控程序。

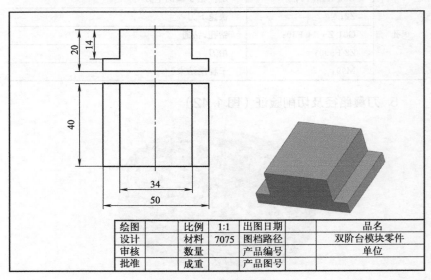

绘图		比例	1:1	出图日期		品名
设计		材料	7075	图档路径		双阶台模块零件
审核		数量		产品编号		单位
批准		成重		产品图号		

图 2.1 双阶台模块零件

3. 工艺分析和模型

(1) 工艺分析

该零件由左右对称的台阶组成，零件图尺寸标注完整，符合数控加工尺寸标注要求；轮廓描述清楚完整；零件材料为 7075 铝，切削加工性能较好，无热处理和硬度要求。

(2) 毛坯选择

零件材料为 7075 铝，50mm×40mm×20mm 铝块。

(3) 刀具选择

刀具号	刀具规格名称	加工内容	刀具特征	备注
T01	φ20mm 平底刀	型腔区域	HSS	

(4) 几何模型

本例题采用一次性装夹，几何模型和编程路径示意图如图 2.2 所示。

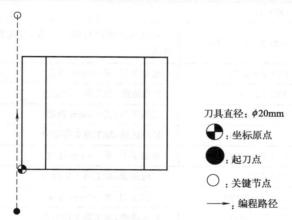

刀具直径：φ20mm

⊖：坐标原点

●：起刀点

○：关键节点

——→：编程路径

图 2.2 几何模型和编程路径示意图

(5) 数学计算

本例题工件尺寸和坐标值明确，可直接进行编程。

4. 数控程序

主程序		
	G17 G54 G94；	选择平面、坐标系、分钟进给
开始	T01 M06；	换 01 号刀
	M03 S2000；	主轴正转、2000r/min

	G00 X－2 Y－15;	定位至左侧阶台起点下方
	G00 Z5;	快速下刀
	M98 P0051;	调用子程序,加工左侧台阶
两侧台阶	G51.1 X25;	沿 X25 的直线镜像
	M98 P0051;	调用子程序,加工右侧台阶
	G50.1;	取消镜像
	G91 G28 Z0;	刀具在 Z 向以增量方式自动返回参考点
	G28 X0 Y0;	刀具在 X 向和 Y 向自动返回参考点
结束	G90;	恢复绝对坐标值编程
	M05;	主轴停
	M02;	程序结束
子程序	O0051;	
	G00 X－2 Y－15;	定位至左侧阶台起点下方,与主程序定位不冲突
	G01 Z－2 F80;	进给下刀,至－2mm 深度
	Y55 F300;	Y 向进给,加工第 1 层阶台
	G01 Z－4 F80;	进给下刀,至－4mm 深度
	Y－15 F300;	Y 向进给,加工第 2 层阶台
	G01 Z－6 F80;	进给下刀,至－6mm 深度
	Y55 F300;	Y 向进给,加工第 3 层阶台
1个台阶	G01 Z－8 F80;	进给下刀,至－8mm 深度
	Y－15 F300;	Y 向进给,加工第 4 层阶台
	G01 Z－10 F80;	进给下刀,至－10mm 深度
	Y55 F300;	Y 向进给,加工第 5 层阶台
	G01 Z－12 F80;	进给下刀,至－12mm 深度
	Y－15 F300;	Y 向进给,加工第 6 层阶台
	G01 Z－14 F80;	进给下刀,至－14mm 深度
	Y55 F300;	Y 向进给,加工第 7 层阶台
	G00 Z2;	抬刀
	M99;	子程序结束

5. 刀具路径及切削验证（图2.3）

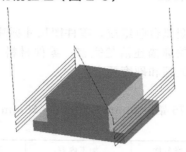

图2.3　刀具路径及切削验证

二、圆弧槽零件

1. 学习目的

① 思考加工轮廓的起点如何选择。

② 熟练掌握刀具补偿的应用。

③ 掌握子程序的刀具路径的设计。

④ 掌握多层加工深度的编程。

⑤ 能迅速构建编程所使用的模型。

视频演示

2. 加工图纸及要求

数控加工如图2.4所示的零件，编制其加工的数控程序。

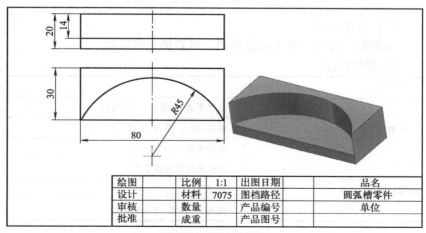

绘图		比例	1:1	出图日期		品名	
设计		材料	7075	图档路径		圆弧槽零件	
审核		数量		产品编号		单位	
批准		成重		产品图号			

图2.4　圆弧槽零件

3. 工艺分析和模型

(1) 工艺分析

该零件表面由圆弧台阶组成，零件图尺寸标注完整，符合数控加工尺寸标注要求；轮廓描述清楚完整；零件材料为 7075 铝，切削加工性能较好，无热处理和硬度要求。

(2) 毛坯选择

零件材料为 7075 铝，80mm×30mm×20mm 铝块。

(3) 刀具选择

刀具号	刀具规格名称	加工内容	刀具特征	备注
T01	φ20mm 平底刀	型腔区域	HSS	

(4) 几何模型

本例题采用一次性装夹，几何模型和编程路径示意图如图 2.5 所示。

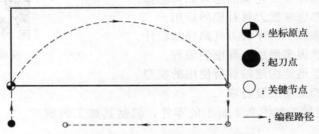

图 2.5　几何模型和编程路径示意图

说明（图例）：
⊕：坐标原点
●：起刀点
○：关键节点
→：编程路径

(5) 数学计算

本例题工件尺寸和坐标值明确，可直接进行编程。

4. 数控程序

主程序		
开始	G17 G54 G94；	选择平面、坐标系、分钟进给
	T01 D01；	换 01 号刀，准备 01 号刀具补偿
	M03 S2000；	主轴正转、2000r/min
圆弧台阶	G00 X0 Y−15；	定位至圆弧起点左侧
	G00 Z5；	快速下刀
	G01 Z−2 F80；	进给下刀，至−2mm 深度

	M98 P0017;	Y 向进给,加工第 1 层阶台
	G01 Z—4 F80;	进给下刀,至—4mm 深度
	M98 P0017;	Y 向进给,加工第 2 层阶台
	G01 Z—6 F80;	进给下刀,至—6mm 深度
	M98 P0017;	Y 向进给,加工第 3 层阶台
	G01 Z—8 F80;	进给下刀,至—8mm 深度
圆弧台阶	M98 P0017;	Y 向进给,加工第 4 层阶台
	G01 Z—10 F80;	进给下刀,至—10mm 深度
	M98 P0017;	Y 向进给,加工第 5 层阶台
	G01 Z—12 F80;	进给下刀,至—12mm 深度
	M98 P0017;	Y 向进给,加工第 6 层阶台
	G01 Z—14 F80;	进给下刀,至—14mm 深度
	M98 P0017;	Y 向进给,加工第 7 层阶台
结束	G91 G28 Z0;	刀具在 Z 向以增量方式自动返回参考点
	G28 X0 Y0;	刀具在 X 向和 Y 向自动返回参考点
	G90;	恢复绝对坐标值编程
	M05;	主轴停
	M02;	程序结束
子程序	O0017;	
	G42 G01 X0 Y0 F300;	刀具右补偿,进给至圆弧起点
	G02 X80 R45;	铣削圆弧
	G01 Y—15;	Y 向进给走刀
圆弧区域	G01 X20;	X 向进给走刀,铣削剩余的中间区域,不必要走完一整条线
	G00 Z2;	抬刀
	G00 X0 Y—15;	定位至圆弧起点左侧,与主程序定位不冲突
	G40;	取消刀具补偿
	M99;	子程序结束

5. 刀具路径及切削验证（图2.6）

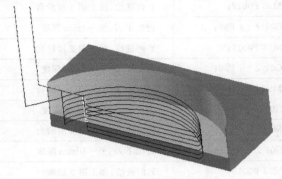

图2.6 刀具路径及切削验证

三、圆形深槽零件

1. 学习目的

① 思考加工轮廓的起点如何选择。

② 掌握子程序的刀具路径的设计，了解型腔加工中圆弧的顺铣、逆铣的选择。

视频演示

③ 熟练掌握直接编程时刀具路径的坐标。

④ 掌握多层加工深度的编程。

⑤ 能迅速构建编程所使用的模型。

2. 加工图纸及要求

数控加工如图2.7所示的零件，编制其加工的数控程序。

3. 工艺分析和模型

（1）工艺分析

该零件表面由圆形内腔组成，零件图尺寸标注完整，符合数控加工尺寸标注要求；轮廓描述清楚完整；零件材料为7075铝，切削加工性能较好，无热处理和硬度要求。

（2）毛坯选择

零件材料为7075铝，$\phi 80mm \times 36mm$ 圆柱。

（3）刀具选择

刀具号	刀具规格名称	加工内容	刀具特征	备注
T01	$\phi 10mm$ 平底刀	型腔区域	HSS	

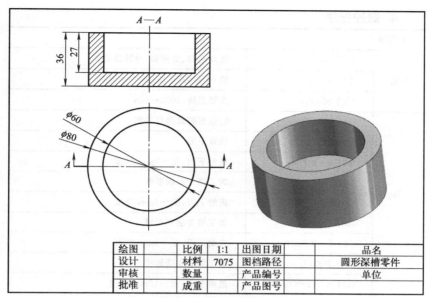

绘图		比例	1:1	出图日期		品名	
设计		材料	7075	图档路径		圆形深槽零件	
审核		数量		产品编号		单位	
批准		成重		产品图号			

图 2.7　圆形深槽零件

(4) 几何模型

本例题采用一次性装夹，几何模型和编程路径示意图如图 2.8 所示。

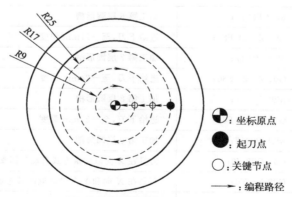

图 2.8　几何模型和编程路径示意图

(5) 数学计算

本例题工件尺寸和坐标值明确，可直接进行编程。

4. 数控程序

主程序

开始	G17 G54 G94;	选择平面、坐标系、分钟进给
	T01 M06;	换 01 号刀
	M03 S2000;	主轴正转、2000r/min
圆形槽	G00 X25 Y0;	定位至圆弧起点右侧
	G00 Z5;	快速下刀
	G01 Z−3 F80;	进给下刀,至−3mm 深度
	M98 P0017;	加工第 1 层圆形槽
	G01 Z−6 F80;	进给下刀,至−6mm 深度
	M98 P0017;	加工第 2 层圆形槽
	G01 Z−9 F80;	进给下刀,至−9mm 深度
	M98 P0017;	加工第 3 层圆形槽
	G01 Z−12F80;	进给下刀,至−12mm 深度
	M98 P0017;	加工第 4 层圆形槽
	G01 Z−15 F80;	进给下刀,至−15mm 深度
	M98 P0017;	加工第 5 层圆形槽
	G01 Z−18 F80;	进给下刀,至−18mm 深度
	M98 P0017;	加工第 6 层圆形槽
	G01 Z−21 F80;	进给下刀,至−21mm 深度
	M98 P0017;	加工第 7 层圆形槽
	G01 Z−24 F80;	进给下刀,至−24mm 深度
	M98 P0017;	加工第 8 层圆形槽
	G01 Z−27 F80;	进给下刀,至−27mm 深度
	M98 P0017;	加工第 9 层圆形槽
结束	G91 G28 Z0;	刀具在 Z 向以增量方式自动返回参考点
	G28 X0 Y0;	刀具在 X 向和 Y 向自动返回参考点
	G90;	恢复绝对坐标值编程
	M05;	主轴停
	M02;	程序结束

子程序	O0017；	
圆形区域	G02 I−25 F300；	铣削 R25 整圆
	G01 X17；	刀具向内移动 8mm
	G02 I−17 F300；	铣削 R17 整圆
	G01 X9；	刀具向内移动 8mm
	G02 I−9 F300；	铣削 R17 整圆
	G01 X0；	铣削圆心
	G01 X25；	返回 R25 整圆起点定位
	G00 Z2；	抬刀
	M99；	子程序结束

5. 刀具路径及切削验证（图2.9）

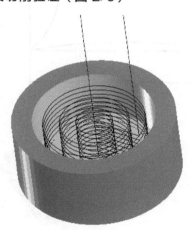

图2.9　刀具路径及切削验证

四、圆弧台阶对称零件

1. 学习目的

① 思考加工轮廓的起点如何选择。

② 掌握子程序的刀具路径的设计。

③ 熟练掌握刀具补偿的应用。

视频演示

④ 注意最后一刀和连接刀路的过切或切不到位的解决方法。

⑤ 掌握加工深度的编程。

⑥ 能迅速构建编程所使用的模型。

2. 加工图纸及要求

数控加工如图 2.10 所示的零件，编制其加工的数控程序。

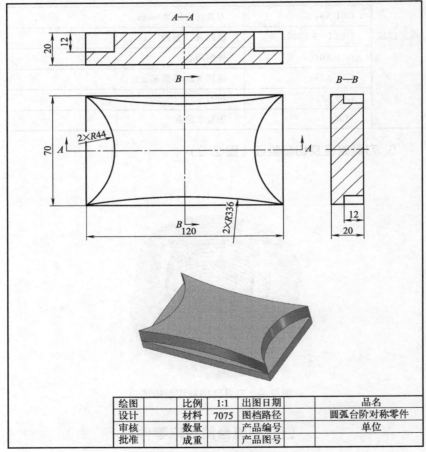

图 2.10　圆弧台阶对称零件

3. 工艺分析和模型

(1) 工艺分析

该零件表面由多组圆弧台阶组成，零件图尺寸标注完整，符合数控加工尺寸标注要求；轮廓描述清楚完整；零件材料为 7075 铝，切削加工性能较好，无热处理和硬度要求。

（2）毛坯选择

零件材料为 7075 铝，120mm×70mm×20mm 铝块。

（3）刀具选择

刀具号	刀具规格名称	加工内容	刀具特征	备注
T01	ϕ20mm 平底刀	型腔区域	HSS	

（4）几何模型

本例题采用一次性装夹，几何模型和编程路径如图 2.11 所示。

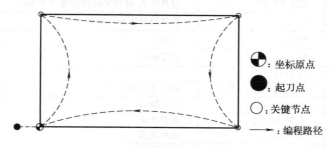

⊕：坐标原点

●：起刀点

○：关键节点

→：编程路径

图 2.11 几何模型和编程路径示意图

（5）数学计算

本例题工件尺寸和坐标值明确，可直接进行编程。

4. 数控程序的编制

主程序			
	G17 G54 G94；	选择平面、坐标系、分钟进给
开始	T01 D01；	换 01 号刀，准备 01 号刀具补偿
	M03 S2000；	主轴正转、2000r/min
	G00 X－15 Y0；	定位至圆弧起点左侧
	G00 Z5；	快速下刀
圆弧台阶	G01 Z－2 F80；	进给下刀，至－2mm 深度
	M98 P0017；	Y 向进给，加工第 1 层阶台
	G01 Z－4 F80；	进给下刀，至－4mm 深度
	M98 P0017；	Y 向进给，加工第 2 层阶台

圆弧台阶	G01 Z—6 F80;	进给下刀,至—6mm 深度
	M98 P0017;	Y 向进给,加工第 3 层阶台
	G01 Z—8 F80;	进给下刀,至—8mm 深度
	M98 P0017;	Y 向进给,加工第 4 层阶台
	G01 Z—10 F80;	进给下刀,至—10mm 深度
	M98 P0017;	Y 向进给,加工第 5 层阶台
	G01 Z—12 F80;	进给下刀,至—12mm 深度
	M98 P0017;	Y 向进给,加工第 6 层阶台
结束	G91 G28 Z0;	刀具在 Z 向以增量方式自动返回参考点
	G28 X0 Y0	刀具在 X 向和 Y 向自动返回参考点
	G90;	恢复绝对坐标值编程
	M05;	主轴停
	M02;	程序结束
子程序	O0017;	
1 层圆弧台阶	G41 G01 X0Y0 F300;	进给至初始位置
	G03 Y70 R44;	铣削圆弧
	X120 R336;	铣削圆弧
	Y0 R70;	铣削圆弧
	X0 R336;	铣削圆弧
	G01 X—25;	重定位,让出一段距离,避免补偿后过切
	Y—5;	单独走刀,为下一层做准备
	G40;	取消刀具补偿
	M99;	子程序结束

5. 刀具路径及切削验证（图 2.12）

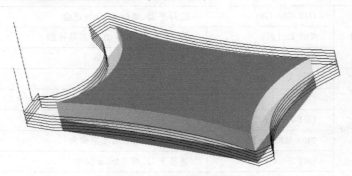

图 2.12　刀具路径及切削验证

五、双阶台配合零件

1. 学习目的

① 思考加工轮廓的起点如何选择。

② 掌握子程序的刀具路径的设计。

③ 学会运用勾股定理计算未知点的坐标,知道程
序中算式的使用。

视频演示

④ 掌握多层加工深度的编程。

⑤ 能迅速构建编程所使用的模型。

2. 加工图纸及要求

数控加工如图 2.13 所示的零件,编制其加工的数控程序。

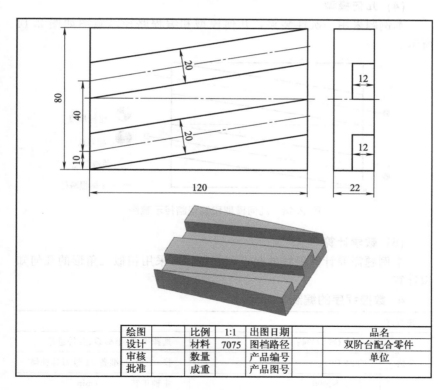

绘图		比例	1:1	出图日期		品名	
设计		材料	7075	图档路径		双阶台配合零件	
审核		数量		产品编号		单位	
批准		成重		产品图号			

图 2.13 双阶台配合零件

3. 工艺分析和模型

(1) 工艺分析

该零件表面由 2 组斜槽组成，零件图尺寸标注完整，符合数控加工尺寸标注要求；轮廓描述清楚完整；零件材料为 7075 铝，切削加工性能较好，无热处理和硬度要求。

(2) 毛坯选择

零件材料为 7075 铝，120mm×80mm×22mm 铝块。

(3) 刀具选择

刀具号	刀具规格名称	加工内容	刀具特征	备注
T01	φ20mm 平底刀	型腔区域	HSS	

(4) 几何模型

本例题采用一次性装夹，几何模型和编程路径示意图如图 2.14 所示。

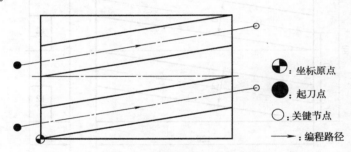

图 2.14　几何模型和编程路径示意图

图例：
⊕：坐标原点
●：起刀点
○：关键节点
→：编程路径

(5) 数学计算

本例题需要计算斜线的起点和终点，可采用相似三角形的几何知识计算。

4. 数控程序的编制

主程序		
开始	G17 G54 G94；	选择平面、坐标系、分钟进给
	T01 D01；	换 01 号刀，准备 01 号刀具补偿
	M03 S2000；	主轴正转，2000r/min
2 个斜槽	G00 X−15 Y[10−15 * 20/120]；	定位第 1 个斜槽起点

	M98 P0017;	加工下面的斜槽
2个斜槽	G00 X−15 Y[50−15 * 20/120];	定位第2个斜槽起点
	M98 P0017;	加工上面的斜槽
结束	G91 G28 Z0;	刀具在Z向以增量方式自动返回参考点
	G28 X0 Y0;	刀具在X向和Y向自动返回参考点
	G90;	恢复绝对坐标值编程
	M05;	主轴停
	M02;	程序结束
子程序	O0017;	
1个斜槽	G01 Z−2 F80;	进给下刀,至−2mm深度
	G91 X150 Y[20+[15 * 20/120] * 2] F300;	相对坐标,铣削第1层槽
	G90;	绝对坐标
	Z−4 F80 F80;	进给下刀,至−4mm深度
	G91 X−150 Y−[20+[15 * 20/120] * 2];	相对坐标,铣削第2层槽
	G90;	绝对坐标
	Z−6;	进给下刀,至−6mm深度
	G91 X150 Y[20+[15 * 20/120] * 2];	相对坐标,铣削第3层槽
	G90;	绝对坐标
	Z−8 F80;	进给下刀,至−8mm深度
	G91 X−150 Y−[20+[15 * 20/120] * 2];	相对坐标,铣削第4层槽
	G90;	绝对坐标
	Z−10 F80;	进给下刀,至−10mm深度
	G91 X150 Y[20+[15 * 20/120] * 2];	相对坐标,铣削第5层槽

	G90;	绝对坐标
	Z—12 F80;	进给下刀,至—12mm深度
1个斜槽	G91 X—150 Y—[20+[15 * 20/120] * 2];	相对坐标,铣削第6层槽
	G90;	绝对坐标
	G00 Z2;	抬刀
	M99;	子程序结束

5. 刀具路径及切削验证（图 2. 15）

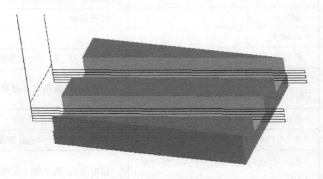

图 2. 15　刀具路径及切削验证

六、圆弧配合底座零件

1. 学习目的

① 思考加工轮廓的起点如何选择。

② 掌握子程序的刀具路径的设计，了解本例题中圆弧的顺铣、逆铣的选择。

视频演示

③ 熟练掌握直接编程时刀具路径的坐标。

④ 掌握多层加工深度的编程。

⑤ 能迅速构建编程所使用的模型。

2. 加工图纸及要求

数控加工如图 2.16 所示的零件，编制其加工的数控程序。

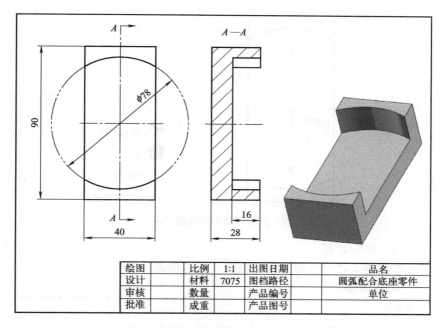

绘图		比例	1:1	出图日期		品名	
设计		材料	7075	图档路径		圆弧配合底座零件	
审核		数量		产品编号		单位	
批准		成重		产品图号			

图 2.16 圆弧配合底座零件

3. 工艺分析和模型

(1) 工艺分析

该零件表面由左右开口的圆形型腔组成，零件图尺寸标注完整，符合数控加工尺寸标注要求；轮廓描述清楚完整；零件材料为 7075 铝，切削加工性能较好，无热处理和硬度要求。

(2) 毛坯选择

零件材料为 7075 铝，40mm×90mm×28mm 铝块。

(3) 刀具选择

刀具号	刀具规格名称	加工内容	刀具特征	备注
T01	φ20mm 平底刀	型腔区域	HSS	

(4) 几何模型

本例题采用一次性装夹，几何模型和编程路径示意图如图 2.17 所示。

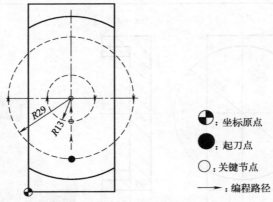

图 2.17　几何模型和编程路径示意图

○：坐标原点

●：起刀点

○：关键节点

——→：编程路径

(5) 数学计算

本例题工件尺寸和坐标值明确，可直接进行编程。

4. 宏程序

主程序

开始	G17 G54 G94；	选择平面、坐标系、分钟进给
	T01 D01；	换 01 号刀
	M03 S2000；	主轴正转、2000r/min
圆形型腔	G00 X20 Y16；	定位至圆弧起点左侧
	G00 Z5；	快速下刀
	G01 Z−3 F80；	进给下刀，至−3mm 深度
	M98 P0017；	加工第 1 层圆形槽
	G01 Z−6 F80；	进给下刀，至−6mm 深度
	M98 P0017；	加工第 2 层圆形槽
	G01 Z−9 F80；	进给下刀，至−9mm 深度
	M98 P0017；	加工第 3 层圆形槽
	G01 Z−12F80；	进给下刀，至−12mm 深度
	M98 P0017；	加工第 4 层圆形槽
	G01 Z−14 F80；	进给下刀，至−14mm 深度
	M98 P0017；	加工第 5 层圆形槽

圆形型腔	G01 Z—16 F80；	进给下刀，至—16mm 深度
	M98 P0017；	加工第 6 层圆形槽
结束	G91 G28 Z0；	刀具在 Z 向以增量方式自动返回参考点
	G28 X0 Y0；	刀具在 X 向和 Y 向自动返回参考点
	G90；	恢复绝对坐标值编程
	M05；	主轴停
	M02；	程序结束
子程序	O0017；	
圆形区域	G02 J29 F300；	铣削 R29 整圆
	G01 X20 Y32；	刀具向内移动 16mm
	G02 J13 F300；	铣削 R13 整圆
	G01 Y45；	铣削至圆心
	G00 Z2；	抬刀
	Y16；	返回 R29 整圆起点定位
	M99；	子程序结束

5. 刀具路径及切削验证（图 2.18）

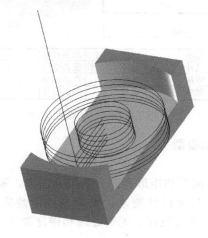

图 2.18　刀具路径及切削验证

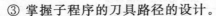

七、多轮廓台阶配合零件

1. 学习目的

① 思考加工轮廓的起点如何选择。

② 熟练掌握镜像指令 G51.1 和子程序编程的联合编程操作。

③ 掌握子程序的刀具路径的设计。

④ 掌握多层加工深度的编程。

⑤ 能迅速构建编程所使用的模型。

视频演示

2. 加工图纸及要求

数控加工如图 2.19 所示的零件，编制其加工的数控程序。

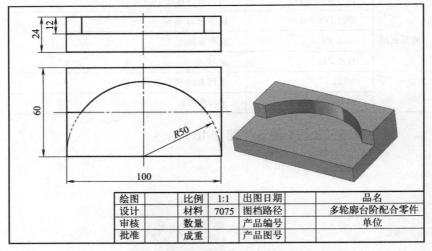

绘图		比例	1:1	出图日期		品名	
设计		材料	7075	图档路径		多轮廓台阶配合零件	
审核		数量		产品编号		单位	
批准		成重		产品图号			

图 2.19　多轮廓台阶配合零件

3. 工艺分析和模型

(1) 工艺分析

该零件表面由圆形和矩形型腔台阶组合而成，零件图尺寸标注完整，符合数控加工尺寸标注要求；轮廓描述清楚完整；零件材料为7075 铝，切削加工性能较好，无热处理和硬度要求。

(2) 毛坯选择

零件材料为 7075 铝，100mm×60mm×24mm 铝块。

（3）刀具选择

刀具号	刀具规格名称	加工内容	刀具特征	备注
T01	φ20mm 平底刀	型腔区域	HSS	

（4）几何模型

本例题采用一次性装夹，几何模型和编程路径示意图如图 2.20
所示。

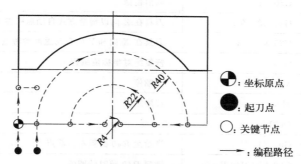

	坐标原点
	起刀点
	关键节点
	编程路径

图 2.20　几何模型和编程路径示意图

（5）数学计算

本例题工件尺寸和坐标值明确，可直接进行编程。

4. 数控程序

主程序		
开始	G17 G54 G94；	选择平面、坐标系、分钟进给
	T01 D01；	换 01 号刀
	M03 S2000；	主轴正转、2000r/min
多轮廓台阶半圆区域	G00 X10 Y−15；	定位至圆弧起点下侧
	G00 Z5；	快速下刀
	G01 Z−3F80；	进给下刀，至−3mm 深度
	M98 P0017；	铣削第 1 层半圆阶台
	G01 Z−6 F80；	进给下刀，至−6mm 深度
	M98 P0017；	铣削第 2 层半圆阶台
	G01 Z−9 F80；	进给下刀，至−9mm 深度
	M98 P0017；	铣削第 3 层半圆阶台

	G01 Z−12F80;	进给下刀,至−12mm 深度
多轮廓台阶剩余区域	M98 P0017;	铣削第 4 层半圆阶台
	M98 P0018;	铣削左侧剩余区域
	G51.1 X50;	沿 X50 的直线镜像
	M98 P0018;	加工右侧的折线
	G50.1;	取消镜像
结束	G91 G28 Z0;	刀具在 Z 向以增量方式自动返回参考点
	G28 X0 Y0;	刀具在 X 向和 Y 向自动返回参考点
	G90;	恢复绝对坐标值编程
	M05;	主轴停
	M02;	程序结束
子程序	O0017;	
半圆区域	G01 X10 Y0;	进给至 R40 圆弧左侧起点
	G02 X90 R40 F300;	铣削 R40 顺时针圆弧
	G01 X72;	进给至 R22 圆弧右侧起点
	G03 X28 R22;	铣削 R40 逆时针圆弧
	G01 X46;	进给至 R4 圆弧左侧起点
	G02 X54 R4;	铣削 R40 顺时针圆弧
	G00 Z2;	抬刀
	M99;	子程序结束
子程序	O0018;	
左侧小区域	G00 X0 Y−15;	定位至工件左下角的下侧
	G01 Z−3 F80;	进给下刀,至−3mm 深度
	Y20 F300;	铣削 Y 向
	X10;	铣削 X 向
	Z−6 F80;	进给下刀,至−6mm 深度
	X0 F300;	铣削 X 向
	Y0;	铣削 Y 向
	Z−9 F80;	进给下刀,至−9mm 深度

	Y20 F300;	铣削 Y 向
	X10;	铣削 X 向
左侧小 区域	Z－12 F80;	进给下刀,至－12mm 深度
	X0 F300;	铣削 X 向
	Y0;	铣削 Y 向
	G00 Z2;	抬刀
	M99;	子程序结束

5. 刀具路径及切削验证（图 2.21）

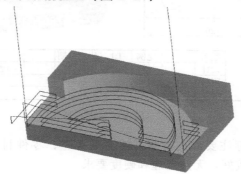

图 2.21　刀具路径及切削验证

八、键槽配合模块零件

1. 学习目的

① 思考加工轮廓的起点如何选择。

② 熟练掌握旋转指令 G68 和子程序编程的联合
编程操作。

视频演示

③ 掌握子程序的刀具路径的设计，学会应用子程
序嵌套的方法，采用最优化的方案编程。

④ 掌握多层加工深度的编程。

⑤ 能迅速构建编程所使用的模型。

2. 加工图纸及要求

数控加工如图 2.22 所示的零件，编制其加工的数控程序。

3. 工艺分析和模型

（1）工艺分析

该零件表面由 4 组对称的键槽组成，零件图尺寸标注完整，符合

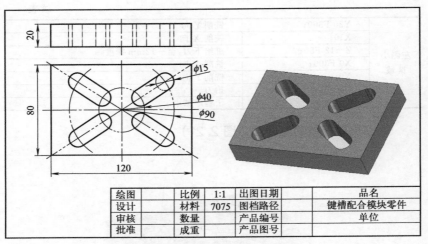

图 2.22 键槽配合模块零件

数控加工尺寸标注要求；轮廓描述清楚完整；零件材料为 7075 铝，切削加工性能较好，无热处理和硬度要求。

(2) 毛坯选择

零件材料为 7075 铝，120mm×80mm×20mm 铝块。

(3) 刀具选择

刀具号	刀具规格名称	加工内容	刀具特征	备注
T01	φ10mm 平底刀	型腔区域	HSS	

(4) 几何模型

本例题采用一次性装夹，几何模型和编程路径示意图如图 2.23 所示。

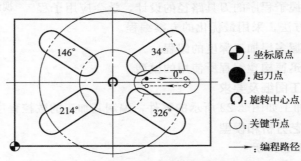

图 2.23　几何模型和编程路径示意图

(5) 数学计算

本例题工件尺寸和坐标值明确，可直接进行编程。

4. 数控程序

开始	G17 G54 G94；	选择平面、坐标系、分钟进给
	T01 M06；	换 01 号刀
	M03 S2000；	主轴正转、2000r/min
四个键槽	G68 X60 Y40 R34；	工件坐标旋转 34°，角度可由三角函数表查出
	M98 P0017；	加工 34°的键槽
	G69；	取消坐标旋转
	G68 X60 Y40 R146；	工件坐标旋转 146°
	M98 P0017；	加工 146°的键槽
	G69；	取消坐标旋转
	G68 X60 Y40 R214；	工件坐标旋转 214°
	M98 P0017；	加工 214°的键槽
	G69；	取消坐标旋转
	G68 X60 Y40 R326；	工件坐标旋转 326°
	M98 P0017；	加工 326°的键槽
	G69；	取消坐标旋转
结束	G91 G28 Z0；	刀具在 Z 向以增量方式自动返回参考点
	G28 X0 Y0；	刀具在 X 向和 Y 向自动返回参考点
	G90；	恢复绝对坐标值编程
	M05；	主轴停
	M02；	程序结束
子程序	O0017；	
深 20 的 0°键槽	G00 X80 Y[40+2.5]；	初始定位
	G00 Z5；	快速下刀
	G01 Z−3 F80；	进给下刀，至 −3mm 深度
	M98 P0018；	加工第 1 层水平键槽
	G01 Z−6 F80；	进给下刀，至 −6mm 深度
	M98 P0018；	加工第 2 层水平键槽

	G01 Z—9 F80；	进给下刀,至—9mm 深度
	M98 P0018；	加工第 3 层水平键槽
	G01 Z—12 F80；	进给下刀,至—12mm 深度
	M98 P0018；	加工第 4 层水平键槽
	G01 Z—15 F80；	进给下刀,至—15mm 深度
深 20 的	M98 P0018；	加工第 5 层水平键槽
0°键槽	G01 Z—18 F80；	进给下刀,至—18mm 深度
	M98 P0018；	加工第 6 层水平键槽
	G01 Z—20 F80；	进给下刀,至—20mm 深度
	M98 P0018；	加工第 7 层水平键槽
	G00 Z2；	抬刀
	M99；	子程序结束
子程序	O0018；	
	X105；	铣削直线
	G02 Y[40—2.5] R3.5；	铣削圆弧
0°键槽	G01 X80；	铣削直线
	G02 Y[40+2.5] R2.5；	铣削圆弧
	M99；	子程序结束

5. 刀具路径及切削验证（图 2.24）

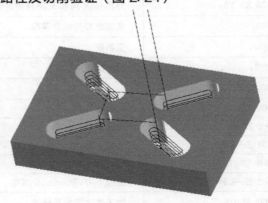

图 2.24　刀具路径及切削验证

九、多圆弧台阶圆柱零件

1. 学习目的

① 思考加工轮廓的起点如何选择。

② 熟练掌握多个子程序的编程操作。

③ 掌握子程序的刀具路径的设计，学会用半圆编程去简化圆弧编程的坐标点计算困难的方法。

视频演示

④ 掌握多层加工深度的编程。

⑤ 能迅速构建编程所使用的模型。

2. 加工图纸及要求

数控加工如图2.25所示的零件，编制其加工的数控程序。

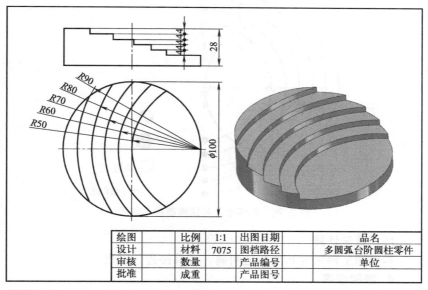

绘图		比例	1:1	出图日期		品名	
设计		材料	7075	图档路径		多圆弧台阶圆柱零件	
审核		数量		产品编号		单位	
批准		成重		产品图号			

图2.25 多圆弧台阶圆柱零件

3. 工艺分析和模型

(1) 工艺分析

该零件表面由多组同心的圆弧台阶组成，零件图尺寸标注完整，符合数控加工尺寸标注要求；轮廓描述清楚完整；零件材料为7075铝，切削加工性能较好，无热处理和硬度要求。

（2）毛坯选择

零件材料为 7075 铝，$\phi100\text{mm}\times28\text{mm}$ 圆柱。

（3）刀具选择

刀具号	刀具规格名称	加工内容	刀具特征	备注
T01	$\phi20\text{mm}$ 平底刀	型腔区域	HSS	

（4）几何模型

本例题采用一次性装夹，为了方便编程，台阶处采用半圆的刀具路径走刀，走刀路径完全按照刀具中心编程，不采用半径补偿。几何模型和编程路径示意图如图 2.26 所示。

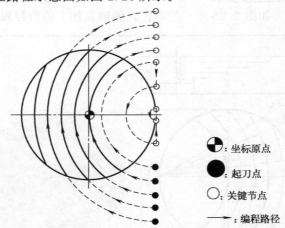

图 2.26　几何模型和编程路径示意图

（5）数学计算

本例题工件尺寸和坐标值明确，可直接进行编程。

4. 数控程序

主程序		
	G17 G54 G94；	选择平面、坐标系、分钟进给
开始	T01 M06；	换 01 号刀
	M03 S2000；	主轴正转、2000r/min
多圆弧	G00 X50 Y−40；	铣削圆弧
台阶	G00 Z5；	快速下刀

	G01 Z−3 F80；	进给下刀，至−3mm 深度
多圆弧台阶	M98 P0010；	铣削 $R50$ 的台阶
	M98 P0012；	铣削 $R60$ 的台阶
	M98 P0013；	铣削 $R70$ 的台阶
	M98 P0014；	铣削 $R80$ 的台阶
	M98 P0015；	铣削 $R90$ 的台阶
结束	G91 G28 Z0；	刀具在 Z 向以增量方式自动返回参考点
	G28 X0 Y0；	刀具在 X 向和 Y 向自动返回参考点
	G90；	恢复绝对坐标值编程
	M05；	主轴停
	M02；	程序结束
子程序	O0010；	
$R50$ 的台阶	G01 Z−3 F80；	进给下刀，至−3mm 深度
	M98 P0011；	铣削 $R50$ 的第 1 层台阶
	G01 Z−6 F80；	进给下刀，至−6mm 深度
	M98 P0011；	铣削 $R50$ 的第 2 层台阶
	G01 Z−9 F80；	进给下刀，至−9mm 深度
	M98 P0011；	铣削 $R50$ 的第 3 层台阶
	G01 Z−12 F80；	进给下刀，至−12mm 深度
	M98 P0011；	铣削 $R50$ 的第 4 层台阶
	G01 Z−15 F80；	进给下刀，至−15mm 深度
	M98 P0011；	铣削 $R50$ 的第 5 层台阶
	G01 Z−18 F80；	进给下刀，至−18mm 深度
	M98 P0011；	铣削 $R50$ 的第 6 层台阶
	G01 Z−20 F80；	进给下刀，至−20mm 深度
	M98 P0011；	铣削 $R50$ 的第 7 层台阶
	G00 Z2；	抬刀
	M99；	子程序结束
子程序	O0011；	

	G02 Y40 R40 F300;	铣削 $R50$ 的第 1 层台阶的外圈
	G01 Y22;	铣削至中圈圆的起点
	G03 Y－22 R22;	铣削 $R50$ 的第 1 层台阶的中圈
$R50$ 的台阶第 1 层	G01 Y5;	过圆心铣削至内圈圆的起点
	G03 Y－5 R5 F300;	铣削 $R50$ 的第 1 层台阶的内圈
	G00 Z2;	抬刀
	G00 X50 Y－40;	返回起刀点
	M99;	子程序结束
子程序	O0012;	
	G00 X50 Y－50;	定位 $R60$ 圆弧的起刀点
	G01 Z－3 F80;	进给下刀,至－3mm 深度
	G02 Y50 R50 F300;	铣削 $R60$ 的第 1 层台阶
	G01 Z－6 F80;	进给下刀,至－6mm 深度
	G03 Y－50 R50 F300;	铣削 $R60$ 的第 2 层台阶
	G01 Z－9 F80;	进给下刀,至－9mm 深度
$R60$ 的台阶	G02 Y50 R50 F300;	铣削 $R60$ 的第 3 层台阶
	G01 Z－12 F80;	进给下刀,至－12mm 深度
	G03 Y－50 R50 F300;	铣削 $R60$ 的第 4 层台阶
	G01 Z－14F80;	进给下刀,至－14mm 深度
	G02 Y50 R50 F300;	铣削 $R60$ 的第 5 层台阶
	G01 Z－16 F80;	进给下刀,至－16mm 深度
	G03 Y－50 R50 F300;	铣削 $R60$ 的第 6 层台阶
	G00 Z2;	抬刀
	M99;	子程序结束
子程序	O0013;	
	G00 X50 Y－60;	定位 $R70$ 圆弧的起刀点
$R70$ 的台阶	G01 Z－3 F80;	进给下刀,至－3mm 深度
	G02 Y60 R60 F300;	铣削 $R70$ 的第 1 层台阶
	G01 Z－6 F80;	进给下刀,至－6mm 深度

	G03 Y−60 R60 F300；	铣削 $R70$ 的第 2 层台阶
	G01 Z−9 F80；	进给下刀,至−9mm 深度
	G02 Y60 R60 F300；	铣削 $R70$ 的第 3 层台阶
$R70$ 的台阶	G01 Z−12 F80；	进给下刀,至−12mm 深度
	G03 Y−60 R60 F300；	铣削 $R70$ 的第 4 层台阶
	G00 Z2；	抬刀
	M99；	子程序结束
子程序	O0014；	
	G00 X50 Y−70；	定位 $R80$ 圆弧的起刀点
	G01 Z−3 F80；	进给下刀,至−3mm 深度
	G02 Y70 R70 F300；	铣削 $R80$ 的第 1 层台阶
	G01 Z−6 F80；	进给下刀,至−6mm 深度
$R80$ 的台阶	G03 Y−70 R70 F300；	铣削 $R80$ 的第 2 层台阶
	G01 Z−8 F80；	进给下刀,至−8mm 深度
	G02 Y70 R70 F300；	铣削 $R80$ 的第 3 层台阶
	G00 Z2；	抬刀
	M99；	子程序结束
子程序	O0015；	
	G00 X50 Y−80；	定位 $R90$ 圆弧的起刀点
	G01 Z−2 F80；	进给下刀,至−2mm 深度
	G02 Y80 R80 F300；	铣削 $R90$ 的第 1 层台阶
$R90$ 的台阶	G01 Z−4 F80；	进给下刀,至−4mm 深度
	G03 Y−80 R80 F300；	铣削 $R90$ 的第 2 层台阶
	G00 Z2；	抬刀
	M99；	子程序结束

5. 刀具路径及切削验证（图 2.27）

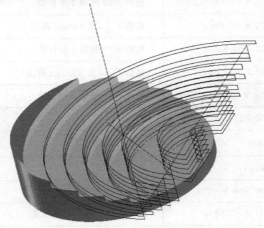

图 2.27　刀具路径及切削验证

十、多圆弧台阶模块零件

1. 学习目的

① 思考加工轮廓的起点如何选择。

② 熟练掌握多个子程序的编程操作。

③ 掌握子程序的刀具路径的设计，学会子程序嵌套的方法。

视频演示

④ 掌握多层加工深度的编程。

⑤ 能迅速构建编程所使用的模型。

2. 加工图纸及要求

数控加工如图 2.28 所示的零件，编制其加工的数控程序。

3. 工艺分析和模型

（1）工艺分析

该零件表面由多组同心的圆弧台阶组成，零件图尺寸标注完整，符合数控加工尺寸标注要求；轮廓描述清楚完整；零件材料为 7075 铝，切削加工性能较好，无热处理和硬度要求。

（2）毛坯选择

零件材料为 7075 铝，80mm×60mm×24mm 铝块。

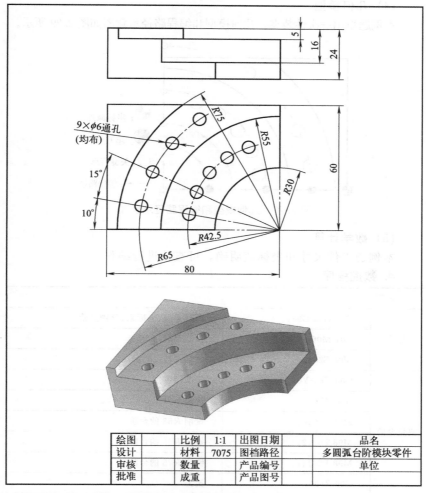

绘图		比例	1:1	出图日期		品名	
设计		材料	7075	图档路径		多圆弧台阶模块零件	
审核		数量		产品编号		单位	
批准		成重		产品图号			

图 2.28 多圆弧台阶模块零件

(3) 刀具选择

刀具号	刀具规格名称	加工内容	刀具特征	备注
T01	ϕ20mm 平底刀	型腔区域	HSS	
T02	ϕ6mm 钻头	钻孔	HSS	

(4) 几何模型

本例题采用一次性装夹，几何模型和编程路径示意图如图 2.29 所示。

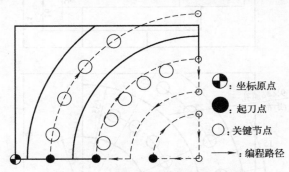

图 2.29　几何模型和编程路径示意图

(5) 数学计算

本例题工件尺寸和坐标值明确，可直接进行编程。

4. 数控程序

主程序		
开始	G17 G54 G94；	选择平面、坐标系、分钟进给
	T01 M06；	换 01 号刀
	M03 S2000；	主轴正转、2000r/min
圆弧台阶	G00 X60 Y0；	铣削圆弧
	G00 Z5；	快速下刀
	M98 P0010；	铣削 $R53$ 的台阶
	M98 P0012；	铣削 $R55$ 的台阶
	M98 P0014；	铣削 $R75$ 的台阶
	G00 Z100；	抬刀
$R42.5$ 的 5 个孔	T02 M06；	换 02 号钻头
	M98 P0015；	加工第 1 个孔
	G68 X80 Y0 R−15；	工件坐标沿 $X80Y0$ 顺时针旋转 $15°$
	M98 P0015；	调用子程序，加工第 2 个孔
	G69；	取消坐标旋转
	G68 X80 Y0 R−30；	工件坐标沿 $X80Y0$ 顺时针旋转 $30°$

	M98 P0015；	调用子程序，加工第3个孔
	G69；	取消坐标旋转
	G68 X80 Y0 R－45；	工件坐标沿 X80Y0 顺时针旋转 45°
	M98 P0015；	调用子程序，加工第4个孔
R42.5 的5个孔	G69；	取消坐标旋转
	G68 X80 Y0 R－60；	工件坐标沿 X80Y0 顺时针旋转 60°
	M98 P0015；	调用子程序，加工第5个孔
	G69；	取消坐标旋转
	G00 Z2；	抬刀
	M98 P0016；	加工第1个孔
	G68 X80 Y0 R－15；	工件坐标沿 X80Y0 顺时针旋转 15°
	M98 P0016；	调用子程序，加工第2个孔
	G69；	取消坐标旋转
R65 的 4个孔	G68 X80 Y0 R－30；	工件坐标沿 X80Y0 顺时针旋转 30°
	M98 P0016；	调用子程序，加工第3个孔
	G69；	取消坐标旋转
	G68 X80 Y0 R－45；	工件坐标沿 X80Y0 顺时针旋转 45°
	M98 P0016；	调用子程序，加工第4个孔
	G69；	取消坐标旋转
	G91 G28 Z0；	刀具在 Z 向以增量方式自动返回参考点
	G28 X0 Y0；	刀具在 X 向和 Y 向自动返回参考点
结束	G90；	恢复绝对坐标值编程
	M05；	主轴停
	M02；	程序结束
子程序	O0010；	
	G01 Z－3 F80；	进给下刀，至－3mm 深度
R53 的 台阶	M98 P0011；	铣削 R30 的第 1 层台阶
	G01 Z－6 F80；	进给下刀，至－6mm 深度
	M98 P0011；	铣削 R30 的第 2 层台阶

	G01 Z—9 F80;	进给下刀,至—9mm 深度
	M98 P0011;	铣削 R30 的第 3 层台阶
	G01 Z—12 F80;	进给下刀,至—12mm 深度
	M98 P0011;	铣削 R30 的第 4 层台阶
	G01 Z—15 F80;	进给下刀,至—15mm 深度
	M98 P0011;	铣削 R30 的第 5 层台阶
	G01 Z—18 F80;	进给下刀,至—18mm 深度
R53 的台阶	M98 P0011;	铣削 R30 的第 6 层台阶
	G01 Z—21 F80;	进给下刀,至—21mm 深度
	M98 P0011;	铣削 R30 的第 7 层台阶
	G01 Z—23.5 F80;	进给下刀,至—23.5mm 深度,避免铣到垫块或工作台
	M98 P0011;	铣削 R30 的第 8 层台阶
	G00 Z2;	抬刀
	M99;	子程序结束
子程序	O0011;	
R53 的台阶第 1 层	G02 X80 Y20 R20 F300;	铣削 R30 的第 1 层台阶的大圆弧
	G01 Y0;	Y 向铣削至 0 点
	G01 X60;	铣削回起刀点
	M99;	子程序结束
子程序	O0012;	
R55 的台阶	G00 X35 Y0;	定位 R55 圆弧的起刀点
	G01 Z—3 F80;	进给下刀,至—3mm 深度
	M98 P0013;	铣削 R55 的第 1 层台阶
	G01 Z—6 F80;	进给下刀,至—6mm 深度
	M98 P0013;	铣削 R55 的第 2 层台阶
	G01 Z—9 F80;	进给下刀,至—9mm 深度
	M98 P0013;	铣削 R55 的第 3 层台阶
	G01 Z—12 F80;	进给下刀,至—12mm 深度

	M98 P0013;	铣削 R55 的第 4 层台阶
	G01 Z—14 F80;	进给下刀,至—14mm 深度
	M98 P0013;	铣削 R55 的第 5 层台阶
R55 的 台阶	G01 Z—16 F80;	进给下刀,至—16mm 深度
	M98 P0013;	铣削 R55 的第 6 层台阶
	G00 Z2;	抬刀
	M99;	子程序结束
子程序	O0013;	
	G02 X80 Y45 R45 F300;	铣削 R55 的大圈圆弧
R55 的 台阶 第 1 层	G01 Y30;	Y 向铣削至小圈圆弧起点
	G03 X50 Y0 R30;	铣削 R55 的小圈圆弧
	G01 X35;	铣削回起刀点
	M99;	子程序结束
子程序	O0014;	
	G00 X15 Y0;	定位 R75 圆弧的起刀点
	G01 Z—3 F80;	进给下刀,至—3mm 深度
R75 的 台阶	G02 X80 Y65 R65 F300;	铣削 R75 的第 1 层台阶
	G01 Z—5 F80;	进给下刀,至—5mm 深度
	G03 X15 Y0 R65 F300;	铣削 R75 的第 2 层台阶
	G00 Z2;	抬刀
	M99;	子程序结束
子程序	O0015;	
	X［80-COS10 * 42.5］Y ［SIN10 * 42.5］;	定位在 10°圆孔的上方
R42.5 的第 1 个孔	Z—13;	快速下刀
	G01 Z—26 F30;	钻孔,钻通
	Z—13F500;	抬刀
	M99;	子程序结束
子程序	O0016;	

	X［80-COS10 ＊ 65］Y［SIN10 ＊ 65］;	定位在 10°圆孔的上方
R65 的第 1 个孔	Z-2;	快速下刀
	G01 Z-26 F30;	钻孔,钻通
	Z-2 F500;	抬刀
	M99;	子程序结束

5. 刀具路径及切削验证（图 2.30）

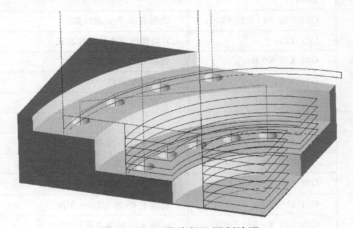

图 2.30　刀具路径及切削验证

第三章
宏程序轮廓加工

1. 学习目的

① 学会椭圆标准方程的宏程序编程加工。

② 掌握椭圆的不同象限的概念，以及选择方法。

③ 熟练掌握椭圆方程的转换方法。

④ 能迅速构建编程所使用的模型。

视频演示

2. 加工图纸及要求

数控加工如图 3.1 所示的零件，编制其加工的数控程序。

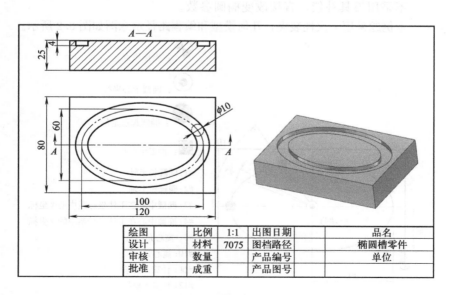

绘图		比例	1:1	出图日期		品名	
设计		材料	7075	图档路径		椭圆槽零件	
审核		数量		产品编号		单位	
批准		成重		产品图号			

图 3.1　椭圆槽零件

3. 工艺分析和模型

(1) 工艺分析

该零件表面由椭圆形槽组成，零件图尺寸标注完整，符合数控加工尺寸标注要求；轮廓描述清楚完整；零件材料为 7075 铝，切削加工性能较好，无热处理和硬度要求。

(2) 毛坯选择

零件材料为 7075 铝，120mm×80mm×25mm 铝块。

(3) 刀具选择

刀具号	刀具规格名称	加工内容	刀具特征	备注
T01	ϕ10mm 平底刀	型腔区域	HSS	

(4) 几何模型

椭圆参数方程为

$$\begin{cases} x = a\cos t \\ y = b\sin t \end{cases}$$

式中，a、b 分别为椭圆长、短半轴长；t 为离心角。

不采用刀具补偿，直接改变椭圆参数。

本例题采用一次性装夹，几何模型和编程路径示意图如图 3.2 所示。

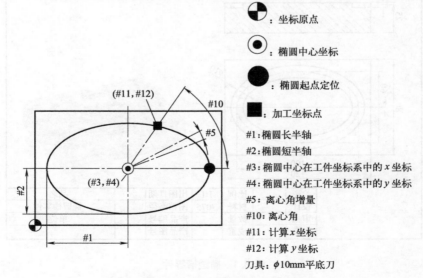

⊕：坐标原点

◉：椭圆中心坐标

●：椭圆起点定位

■：加工坐标点

#1：椭圆长半轴
#2：椭圆短半轴
#3：椭圆中心在工件坐标系中的 x 坐标
#4：椭圆中心在工件坐标系中的 y 坐标
#5：离心角增量
#10：离心角
#11：计算 x 坐标
#12：计算 y 坐标
刀具：ϕ10mm平底刀

图 3.2 几何模型和编程路径示意图

(5) 数学计算

本例题工件尺寸和坐标值明确，可直接进行编程。

4. 数控程序

开始	G17 G54 G94;	选择平面、坐标系、分钟进给
	T01 M06;	换 01 号刀
	M03 S2000;	主轴正转、2000r/min
椭圆	#1＝50;	椭圆长半轴 a 赋值
	#2＝30;	椭圆短半轴 b 赋值
	#3＝60;	椭圆中心在工件坐标系中的 x 坐标赋值
	#4＝40;	椭圆中心在工件坐标系中的 y 坐标赋值
	#5＝0.2;	离心角增量赋值
	#10＝0;	离心角 t 赋初值
	G00 X110 Y40;	定位在椭圆右侧象限点
	Z5;	下刀到安全平面高度
	G01 Z－3F30;	下刀
	WHILE[#10LE360]DO1;	加工条件判断
	#11＝#1＊COS[#10];	计算 x 坐标值
	#12＝#2＊SIN[#10];	计算 y 坐标值
	G01 X[#11＋#3]Y[#12＋#4] F300;	直线插补逼近椭圆曲线
	#10＝#10＋#5;	离心角递增
	END1;	循环结束
结束	G91 G28 Z0;	刀具在 z 向以增量方式自动返回参考点
	G28 X0 Y0;	刀具在 x 向和 y 向自动返回参考点
	G90;	恢复绝对坐标值编程
	M05;	主轴停
	M02;	程序结束

5. 刀具路径及切削验证（图 3.3）

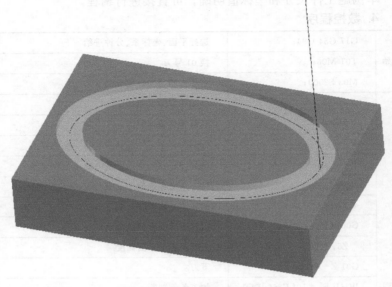

图 3.3　刀具路径及切削验证

二、正五边形槽零件

1. 学习目的

① 学会对正多边形的每个角点进行计算以及宏程序编程加工的方法。

② 学会变量的编程方法。

③ 熟练掌握三角函数的计算方法。

④ 能迅速构建编程所使用的模型。

视频演示

2. 加工图纸及要求

数控加工如图 3.4 所示的零件，编制其加工的数控程序。

3. 工艺分析和模型

(1) 工艺分析

该零件表面由正五边形槽组成，零件图尺寸标注完整，符合数控加工尺寸标注要求；轮廓描述清楚完整；零件材料为 7075 铝，切削加工性能较好，无热处理和硬度要求。

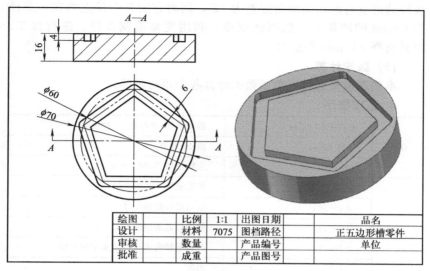

图 3.4　正五边形槽零件

（2）毛坯选择

零件材料为 7075 铝，ϕ70mm×16mm 圆柱。

（3）刀具选择

刀具号	刀具规格名称	加工内容	刀具特征	备注
T01	ϕ16mm 平底刀	型腔区域	HSS	

（4）几何模型

此零件加工内容为凸台，凸台由五条相等的直线段围成，且每条

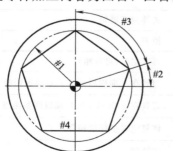

🌐：坐标原点
#1：五边形外接圆半径
#2：第一边起始角度值
#3：各边起始角度与终止角度的差值
#4：边数

图 3.5　五边形凸台几何模型和变量含义

线段的终点与起点间的角度差为 72°，同时它的各个顶点均在一直径为 60mm 的圆周上。依据此规律，利用变量编制程序，进行加工。刀具选择 ϕ16mm 平底刀。

(5) 数学计算

本例题需要通过三角函数去计算各个角的坐标。

4. 数控程序

开始	G17 G54 G94；	选择平面、坐标系、分钟进给
	T01 M06；	换 01 号刀
	M03 S2000；	主轴正转、2000r/min
正五边形	G0 X45 Y0；	快速定位
	#1＝30；	五边形外接圆半径
	#2＝18；	第一边起始角度值
	#3＝72；	各边起始角度与终止角度的差值
	#4＝5；	边数
	G0X[#1 * COS[#2]]；	进给至加工点位置
	Y[#1 * SIN[#2]]；	进给至加工点位置
	G0 Z5；	快速下刀
	G1 Z－5. F20；	z 方向进给
	N10 #2＝#2＋#3；	角度递增
	#4＝#4－1；	边数减少
	G1X[#1 * COS[#2]] Y[#1 * SIN[#2]] F80；	铣削边
	IF [#4GE1] GOTO 10；	条件判断语句
	G0 Z15；	抬刀
	G0X45Y0；	再次定位（可省略）
结束	G91 G28 Z0；	刀具在 z 向以增量方式自动返回参考点
	G28 X0 Y0；	刀具在 x 向和 y 向自动返回参考点
	G90；	恢复绝对坐标值编程
	M05；	主轴停
	M02；	程序结束

5. 刀具路径及切削验证（图3.6）

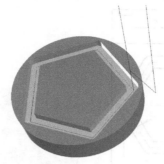

图3.6　刀具路径及切削验证

三、正六边形零件

1. 学习目的

① 学会对正多边形的每个角点进行计算以及宏程序编程加工的方法。

② 学会变量的编程方法。

③ 熟练掌握三角函数的计算方法。

④ 知道如何解决宏程序中心和坐标原点的偏移问题。

⑤ 能迅速构建编程所使用的模型。

视频演示

2. 加工图纸及要求

数控加工如图3.7所示的零件，编制其加工的数控程序。

3. 工艺分析和模型

（1）工艺分析

该零件表面由正六边形槽组成，零件图尺寸标注完整，符合数控加工尺寸标注要求；轮廓描述清楚完整；零件材料为7075铝，切削加工性能较好，无热处理和硬度要求。

（2）毛坯选择

零件材料为7075铝，80mm×80mm×12mm铝块。

（3）刀具选择

刀具号	刀具规格名称	加工内容	刀具特征	备注
T01	φ8mm 平底刀	型腔区域	HSS	

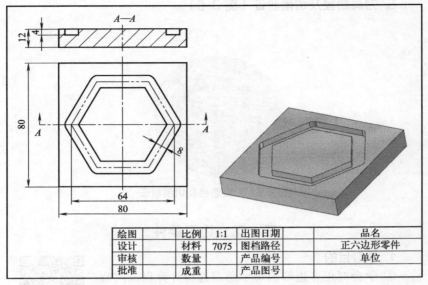

绘图		比例	1:1	出图日期		品名	
设计		材料	7075	图档路径		正六边形零件	
审核		数量		产品编号		单位	
批准		成重		产品图号			

图 3.7 正六边形零件

(4) 几何模型

圆曲线本质上就是边数等于 n 的正多边形,所以圆的曲线方程实际上就是正多边形节点的坐标方程:

$$\begin{cases} x = R\cos t \\ y = R\sin t \end{cases}$$

本例题采用一次性装夹,几何模型和编程路径示意图如图 3.8 所示。

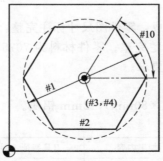

⊕: 坐标原点
◉: 正多边形中心坐标
#1: 正多边形外接圆直径
#2: 正多边形边数
#3: 正多边形中心的 x 坐标值
#4: 正多边形中心的 y 坐标值
#10: 计算每边对应的角度
#11: 边数计数器

图 3.8 几何模型和编程路径示意图

(5) 数学计算

本例题需要通过三角函数去计算各个角的坐标。

4. 数控程序

开始	G17 G54 G94;	选择平面、坐标系、分钟进给
	T01 M06;	换 01 号刀
	M03 S2000;	主轴正转、2000r/min
正六边形	#1＝64;	正多边形外接圆直径
	#2＝6;	正多边形边数
	#3＝40;	正多边形中心的 x 坐标值
	#4＝40;	正多边形中心的 y 坐标值
	#10＝360/#2;	计算每边对应的角度
	#11＝0;	边数计数器置 0
	G00 X72 Y40;	快速定位到多边形起点
	Z2;	下刀至安全高度
	G01 Z－3 F30;	下刀
	WHILE ［#11LE#2］DO1;	加工条件判断
	#20＝#1＊0.5＊COS［#11＊#10］;	计算加工节点的 x 坐标值
	#21＝#1＊0.5＊SIN［#11＊#10］;	计算加工节点的 y 坐标值
	G01 X［#20＋#3］Y［#21＋#4］F100;	直线插补
	#11＝#11＋1;	边数计数器递增
	END1;	循环结束
结束	G00 Z200;	退刀
	M05;	主轴停
	M02;	程序结束

5. 刀具路径及切削验证（图 3.9）

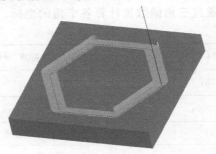

图 3.9　刀具路径及切削验证

四、多椭圆连槽零件

1. 学习目的

① 学会对椭圆和半个椭圆的宏程序编程加工的方法。

② 知晓椭圆编程的相关方程。

③ 熟练掌握三角函数的计算方法。

④ 知道如何解决宏程序中心和坐标原点的偏移问题。

⑤ 能迅速构建编程所使用的模型。

视频演示

2. 加工图纸及要求

数控加工如图 3.10 所示的零件，编制其加工的数控程序。

3. 工艺分析和模型

(1) 工艺分析

该零件表面由两个对称的半椭圆槽和一个完成的椭圆槽组成，零件图尺寸标注完整，符合数控加工尺寸标注要求；轮廓描述清楚完整；零件材料为 7075 铝，切削加工性能较好，无热处理和硬度要求。

(2) 毛坯选择

零件材料为 7075 铝，120mm×80mm×20mm 铝块。

(3) 刀具选择

刀具号	刀具规格名称	加工内容	刀具特征	备注
T01	φ6mm 平底刀	型腔区域	HSS	

(4) 几何模型

椭圆参数方程为

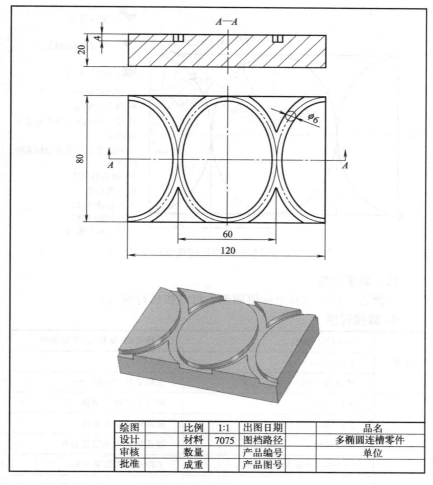

绘图		比例	1:1	出图日期		品名	
设计		材料	7075	图档路径		多椭圆连槽零件	
审核		数量		产品编号		单位	
批准		成重		产品图号			

图 3.10　多椭圆连槽零件

$$\begin{cases} x = a\cos t \\ y = b\sin t \end{cases}$$

式中，a、b 分别为椭圆长、短半轴长；t 为离心角。

本例题采用一次性装夹，椭圆参数方程几何模型和变量含义如图 3.11 所示。

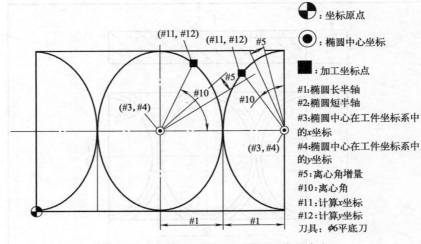

<table>
<tr><td>：坐标原点</td></tr>
</table>

：坐标原点

：椭圆中心坐标

：加工坐标点

#1：椭圆长半轴
#2：椭圆短半轴
#3：椭圆中心在工件坐标系中的x坐标
#4：椭圆中心在工件坐标系中的y坐标
#5：离心角增量
#10：离心角
#11：计算x坐标
#12：计算y坐标
刀具：φ6平底刀

图 3.11　椭圆参数方程几何模型和变量含义

(5) 数学计算

本例题工件尺寸和坐标值明确，可直接进行编程。

4. 数控程序

开始	G17 G54 G94；	选择平面、坐标系、分钟进给
	T01 M06；	换 01 号刀
	M03 S2000；	主轴正转、2000r/min
2 个半椭圆	#1＝30；	椭圆长半轴 a 赋值
	#2＝40；	椭圆短半轴 b 赋值
	#35＝0；	排孔初始角度设置为 0
	N10 G68 X60 Y40 R＃35；	工件坐标轴旋转＃35
	#3＝120；	椭圆中心在工件坐标系中的 x 坐标赋值
	#4＝40；	椭圆中心在工件坐标系中的 y 坐标赋值
	#5＝0.2；	离心角增量赋值
	#10＝90；	离心角 t 赋初值
	G00 X120 Y80；	定位在椭圆顶部象限点

	Z10；	宽度下刀到安全平面高度
	G01Z－3F30；	下刀
	WHILE［＃10LE270]DO1；	加工条件判断
	＃11＝＃1＊COS［＃10]；	计算 x 坐标值
	＃12＝＃2＊SIN［＃10]；	计算 y 坐标值
2个半椭圆	G01 X［＃11＋＃3]Y［＃12＋＃4]F100；	直线插补逼近椭圆曲线
	＃10＝＃10＋＃5；	离心角递增
	END1；	循环结束
	G01 Z5F80；	抬刀
	＃35＝＃35＋180；	坐标轴旋转角度均值递增180°
	IF［＃35LE180] GOTO 10；	如果坐标轴旋转角度＃35≤180°，则程序跳转到N10程序段
	G69；	取消坐标轴旋转
1个整椭圆	＃3＝60；	椭圆中心在工件坐标系中的 x 坐标赋值
	＃4＝40；	椭圆中心在工件坐标系中的 y 坐标赋值
	＃5＝0.2；	离心角增量赋值
	＃10＝0；	离心角 t 赋初值
	G00 X90 Y40；	定位在椭圆右侧象限点
	Z10；	宽度下刀到安全平面高度
	G01Z－3F30；	下刀
	WHILE［＃10LE360]DO1；	加工条件判断
	＃11＝＃1＊COS［＃10]；	计算 x 坐标值
	＃12＝＃2＊SIN［＃10]；	计算 y 坐标值
	G01 X［＃11＋＃3]Y［＃12＋＃4]F100；	直线插补逼近椭圆曲线
	＃10＝＃10＋＃5；	离心角递增
	END1；	循环结束
	G01 Z5F80；	抬刀

	G91 G28 Z0;	刀具在 z 向以增量方式自动返回参考点
结束	G28 X0 Y0;	刀具在 x 向和 y 向自动返回参考点
	G90;	恢复绝对坐标值编程
	G00 Z200;	退刀
	M05;	主轴停
	M02;	程序结束

5. 刀具路径及切削验证（图 3.12）

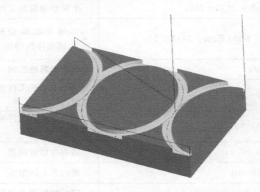

图 3.12　刀具路径及切削验证

五、双曲线零件

1. 学习目的

① 学会对双曲线宏程序编程加工的方法。

② 学会双曲线编程的相关方程。

③ 熟练掌握旋转指令 G68 的宏程序编程方法。

④ 能迅速构建编程所使用的模型。

视频演示

2. 加工图纸及要求

数控加工如图 3.13 所示的零件，编制其加工的数控程序。

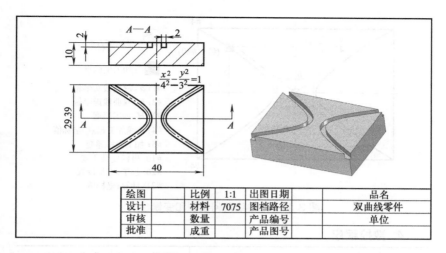

图 3.13　双曲线零件

3. 工艺分析和模型

(1) 工艺分析

该零件表面由一个双曲线槽组成，零件图尺寸标注完整，符合数控加工尺寸标注要求；轮廓描述清楚完整；零件材料为 7075 铝，切削加工性能较好，无热处理和硬度要求。

(2) 毛坯选择

零件材料为 7075 铝，40mm×29.39mm×10mm 铝块。

(3) 刀具选择

刀具号	刀具规格名称	加工内容	刀具特征	备注
T01	ϕ2mm 平底刀	型腔区域	HSS	

(4) 几何模型

为了方便编程，设工件坐标原点在双曲线中心，实际中可以用坐标偏移指令来操作。

本例题采用一次性装夹，双曲线几何模型和变量含义如图 3.14 所示。

(5) 数学计算

本例题工件尺寸和坐标值明确，可直接进行编程。

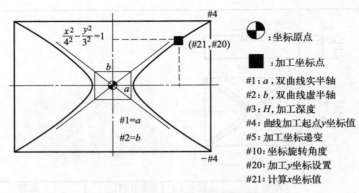

图 3.14　双曲线几何模型和变量含义

4. 数控程序

开始	G17 G54 G94；	选择平面、坐标系、分钟进给
	T01 M06；	换 01 号刀
	M03 S2000；	主轴正转、2000r/min
双曲线	＃1＝4；	双曲线实半轴 a 赋值
	＃2＝3；	双曲线虚半轴 b 赋值
	＃3＝2；	加工深度 H 赋值
	＃4＝14.695；	曲线加工起点 y 坐标值，根据曲线公式计算
	＃5＝0.2；	加工坐标递变量
	＃10＝0；	坐标旋转角度赋初值
	WHILE［＃10LE180］DO1；	循环条件判断
	G68 X0 Y0 R＃10；	坐标旋转设定
	G00 X20 Y＃4；	建立刀具半径补偿
	G01 Z－＃3 F300；	下刀到加工平面
	＃20＝＃4；	加工 y 坐标赋初值
	WHILE［＃20GE-＃4］DO 2；	加工条件判断
	＃21＝＃1＊SQRT［1＋＃20＊＃20/［＃2＊＃2］］；	计算 x 坐标值
	G01 X＃21 Y＃20 F60；	直线逼近双曲线段

	＃20＝＃20－＃5；	y 坐标值递减
	END2；	循环结束
双曲线	G00 Z10；	抬刀
	X0 Y0；	取消刀具半径补偿
	G69；	取消坐标旋转
	＃10＝＃10＋180；	坐标旋转角度递增
	END1；	循环结束
结束	G00 Z200；	退刀
	M05；	主轴停
	M02；	程序结束

5. 刀具路径及切削验证（图 3.15）

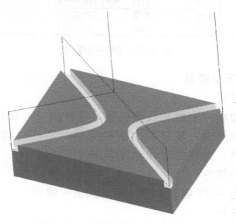

图 3.15　刀具路径及切削验证

六、抛物线零件

1. 学习目的
① 学会对抛物线宏程序编程加工的方法。
② 掌握抛物线编程的相关方程。
③ 能迅速构建编程所使用的模型。

视频演示

2. 加工图纸及要求

如图 3.16 所示，数控铣削加工含抛物曲线段零件的外轮廓，抛物曲线方程为 $y^2 = 18x$，试编制其加工宏程序，深度为 4mm。

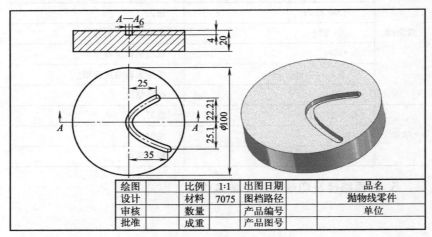

绘图		比例	1:1	出图日期		品名	
设计		材料	7075	图档路径		抛物线零件	
审核		数量		产品编号		单位	
批准		成重		产品图号			

图 3.16　抛物线零件

3. 工艺分析和模型

(1) 工艺分析

该零件表面由一个抛物线槽组成，零件图尺寸标注完整，符合数控加工尺寸标注要求；轮廓描述清楚完整；零件材料为 7075 铝，切削加工性能较好，无热处理和硬度要求。

(2) 毛坯选择

零件材料为 7075 铝，$\phi 100mm \times 20mm$ 圆柱。

(3) 刀具选择

刀具号	刀具规格名称	加工内容	刀具特征	备注
T01	$\phi 6mm$ 平底刀	型腔区域	HSS	

(4) 几何模型

抛物线几何模型和变量含义如图 3.17 所示，设工件坐标系原点在抛物曲线顶点。

(5) 数学计算

本例题工件尺寸和坐标值明确，可直接进行编程。

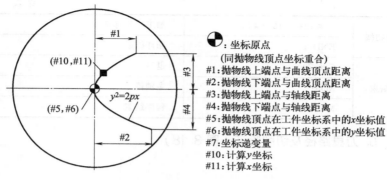

: 坐标原点
(同抛物线顶点坐标重合)
#1：抛物线上端点与曲线顶点距离
#2：抛物线下端点与曲线顶点距离
#3：抛物线上端点与轴线距离
#4：抛物线下端点与轴线距离
#5：抛物线顶点在工件坐标系中的x坐标值
#6：抛物线顶点在工件坐标系中的y坐标值
#7：坐标递变量
#10：计算y坐标
#11：计算x坐标

图 3.17　抛物线几何模型和变量含义

4. 数控程序

开始	G17 G54 G94；	选择平面、坐标系、分钟进给
	T01 M06；	换 01 号刀
	M03 S2000；	主轴正转、2000r/min
抛物线	＃1＝25；	抛物线上端点与曲线顶点距离＃1 赋值
	＃2＝35；	抛物线下端点与曲线顶点距离＃2 赋值
	＃3＝21.21；	抛物线上端点与轴线距离＃3 赋值，可根据曲线公式计算
	＃4＝－25.1；	抛物线下端点与轴线距离＃4 赋值，可根据曲线公式计算
	＃5＝0；	抛物线顶点在工件坐标系中的 x 坐标值
	＃6＝0；	抛物线顶点在工件坐标系中的 y 坐标值
	＃7＝0.2；	坐标递变量赋值
	＃10＝＃3；	加工 y 坐标赋初值
	G00 X25 Y21.21；	定位抛物线起点位置
	Z5；	快速下刀
	G01 Z－4 F20；	进给下刀
	WHILE[＃10GE＃4]DO1；	加工条件判断
	＃11＝＃10＊＃10/18；	计算 x 坐标值
	G01 X[＃11＋＃5]Y[＃10＋＃6] F300；	直线插补逼近曲线

抛物线	♯10＝♯10－♯7；	加工 y 坐标递减
	END1；	循环结束
结束	G00 Z200；	退刀
	M05；	主轴停
	M02；	程序结束

5. 刀具路径及切削验证（图 3.18）

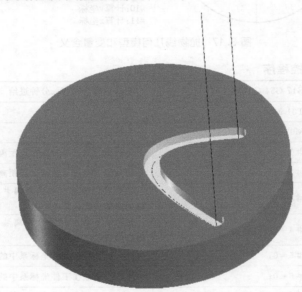

图 3.18　刀具路径及切削验证

七、等距离等长刻线零件

1. 学习目的

① 思考刻线操作的进给速度和主轴转速如何选择。

② 熟练掌握刻线形状的加工规律。

③ 学会使用直线累计的方法完成加工要求。

④ 能迅速构建编程所使用的模型。

视频演示

2. 加工图纸及要求

数控加工如图 3.19 所示的零件，编制其加工的数控程序。

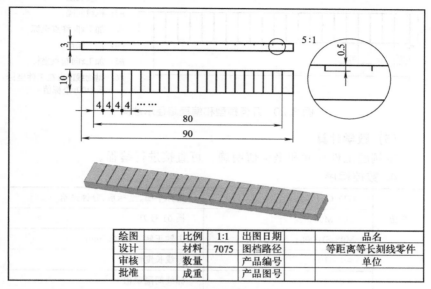

图 3.19 等距离等长刻线零件

绘图		比例	1:1	出图日期		品名	
设计		材料	7075	图档路径		等距离等长刻线零件	
审核		数量		产品编号		单位	
批准		成重		产品图号			

3. 工艺分析和模型

(1) 工艺分析

该零件表面由等距的细线组成，零件图尺寸标注完整，符合数控加工尺寸标注要求；轮廓描述清楚完整；零件材料为 7075 铝，切削加工性能较好，无热处理和硬度要求。

(2) 毛坯选择

零件材料为 7075 铝，90mm×10mm×3mm 铝块。

(3) 刀具选择

刀具号	刀具规格名称	加工内容	刀具特征	备注
T01	40°尖头刻刀	刻线	HSS	

(4) 几何模型

本例题采用一次性装夹，几何模型和编程路径示意图如图 3.20所示。

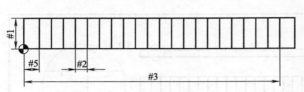

：坐标原点
#1：标线长度
#2：标线间隔
#3：加工x向终点坐标
#4：加工深度
#5：加工x向起点坐标
#6：抛物线顶点在工件坐标系中的y坐标值

图 3.20　几何模型和编程路径示意图

(5) 数学计算

本例题工件尺寸和坐标值明确，可直接进行编程。

4. 数控程序

开始	G17 G54 G94；	选择平面、坐标系、分钟进给
	T01 M06；	换 01 号刀
	M03 S10000；	主轴正转、10000r/min
直线刻线	＃1＝10；	标线长度赋值
	＃2＝4；	标线间隔赋值
	＃3＝80＋5；	加工 x 向终点坐标，即刻线总宽度＋起点位置
	＃4＝－0.5；	加工深度赋值
	＃5＝5；	加工 x 向起点坐标
	WHILE［＃5LE＃3］DO1；	加工条件判断
	G00 X＃5 Y0；	刀具定位
	G01 Z＃4 F20；	z 向下刀
	Y＃1 F100；	刻线加工
	G00 Z5；	抬刀
	＃5＝＃5＋＃2；	加工 x 向坐标递增
	END1；	循环结束
结束	G00 Z200；	退刀
	M05；	主轴停
	M02；	程序结束

5. 刀具路径及切削验证（图 3.21）

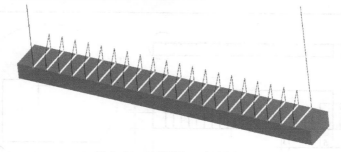

图 3.21　刀具路径及切削验证

八、等距离规律刻线零件

1. 学习目的

① 思考刻线操作的进给速度和主轴转速如何选择。

② 熟练掌握刻线长短间隔形状的加工规律。

③ 学会使用两种直线累计的方法完成加工要求。

④ 能迅速构建编程所使用的模型。

视频演示

2. 加工图纸及要求

数控加工如图 3.22 所示的零件，编制其加工的数控程序。

3. 工艺分析和模型

（1）工艺分析

该零件表面由规律排列的长短细线组成，零件图尺寸标注完整，符合数控加工尺寸标注要求；轮廓描述清楚完整；零件材料为 7075 铝，切削加工性能较好，无热处理和硬度要求。

（2）毛坯选择

零件材料为 7075 铝，70mm×15mm×5mm 铝块。

（3）刀具选择

刀具号	刀具规格名称	加工内容	刀具特征	备注
T01	40°尖头刻刀	刻线	HSS	

（4）几何模型

本例题采用一次性装夹，直线刻线几何模型和变量含义如

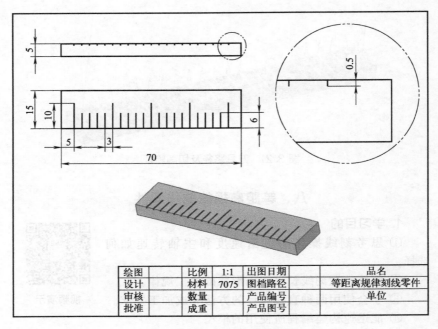

绘图		比例	1:1	出图日期		品名	
设计		材料	7075	图档路径		等距离规律刻线零件	
审核		数量		产品编号		单位	
批准		成重		产品图号			

图 3.22　等距离规律刻线零件

图 3.23 所示。

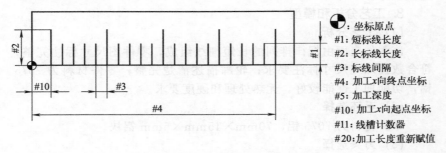

⊕：坐标原点
#1：短标线长度
#2：长标线长度
#3：标线间隔
#4：加工x向终点坐标
#5：加工深度
#10：加工x向起点坐标
#11：线槽计数器
#20：加工长度重新赋值

图 3.23　直线刻线几何模型和变量含义

(5) 数学计算

本例题工件尺寸和坐标值明确，可直接进行编程。

4. 数控程序

开始	G17 G54 G94；	选择平面、坐标系、分钟进给
	T01 M06；	换 01 号刀
	M03 S10000；	主轴正转、10000r/min
直线刻线	＃1＝6；	短标线长度赋值
	＃2＝10；	长标线长度赋值
	＃3＝3；	标线间隔赋值
	＃4＝60＋5；	加工 x 向终点坐标，即刻线总宽度＋起点位置
	＃5＝－0.5；	加工深度赋值
	＃10＝5；	加工 x 向起点坐标
	＃11＝5；	线槽计数器赋初值
	WHILE［＃10LE＃4］DO1；	加工条件判断
	＃20＝＃1；	加工长度赋值
	IF［＃11NE5］GOTO100；	条件跳转
	＃20＝＃2；	加工长度重新赋值
	＃11＝0；	线槽计数器重新赋值
	N100；	程序跳转标记符
	G00 X＃10 Y0；	刀具定位
	G01　　Z＃5 F20；	z 向下刀
	Y＃20 F100；	刻线加工
	G00 Z5；	抬刀
	＃10＝＃10＋＃3；	加工 x 向坐标递增
	＃11＝＃11＋1；	线槽计数器递增
	END1；	循环结束
结束	G00 Z200；	退刀
	M05；	主轴停
	M02；	程序结束

5. 刀具路径及切削验证（图 3.24）

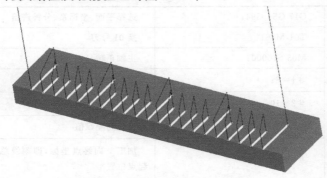

图 3.24　刀具路径及切削验证

九、等角度圆周等长刻线零件

1. 学习目的

① 思考刻线操作的进给速度和主轴转速如何选择。

② 熟练掌握刻线形状的加工规律。

③ 学会使用圆周累计的方法和旋转指令 G68 完成加工要求。

④ 能迅速构建编程所使用的模型。

视频演示

2. 加工图纸及要求

数控加工如图 3.25 所示的零件，编制其加工的数控程序。

3. 工艺分析和模型

（1）工艺分析

该零件表面由圆周分布的等长细线组成，零件图尺寸标注完整，符合数控加工尺寸标注要求；轮廓描述清楚完整；零件材料为 7075 铝，切削加工性能较好，无热处理和硬度要求。

（2）毛坯选择

零件材料为 7075 铝，ϕ100mm×12mm 圆柱。

（3）刀具选择

刀具号	刀具规格名称	加工内容	刀具特征	备注
T01	40°尖头刻刀	刻线	HSS	

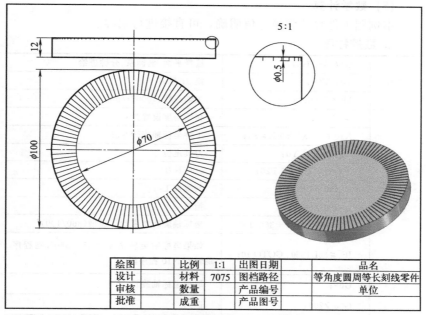

绘图		比例	1:1	出图日期		品名
设计		材料	7075	图档路径		等角度圆周等长刻线零件
审核		数量		产品编号		单位
批准		成重		产品图号		

图 3.25　等角度圆周等长刻线零件

（4）几何模型

本例题采用一次性装夹，几何模型和编程路径示意图如图 3.26 所示。

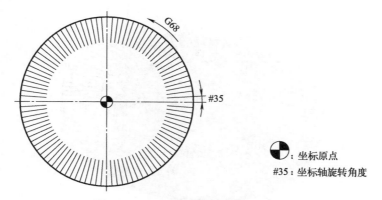

图 3.26　几何模型和编程路径示意图

(5) 数学计算

本例题工件尺寸和坐标值明确，可直接进行编程。

4. 数控程序

开始	G17 G54 G94；	选择平面、坐标系、分钟进给
	T01 M06；	换 01 号刀
	M03 S10000；	主轴正转、10000r/min
圆周 刻线	♯35＝0；	初始角度设置为 0
	N10 G68 X0 Y0 R♯35；	工件坐标轴旋转♯35
	G00 X35 Y0；	刀具定位
	G01　Z－0.5 F20；	z 向下刀
	X50 F100；	刻线加工
	G00 Z5；	抬刀
	♯35＝♯35＋360/100；	坐标轴旋转角度均值递增(360/100)°
	IF［♯35LT360］GOTO 10；	如果坐标轴旋转角度♯35＜360°,则程序 跳转到 N10 程序段
	G69；	取消坐标轴旋转
结束	G00 Z200；	退刀
	M05；	主轴停
	M02；	程序结束

5. 刀具路径及切削验证（图 3.27）

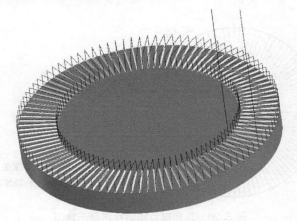

图 3.27　刀具路径及切削验证

十、等角度圆周规律刻线零件

1. 学习目的

① 思考刻线操作的进给速度和主轴转速如何选择。

② 熟练掌握刻线长短形状的加工规律。

③ 学会使用圆周累计的方法和旋转指令 G68 完成加工要求。

视频演示

④ 能迅速构建编程所使用的模型。

2. 加工图纸及要求

数控加工如图 3.28 所示的零件，编制其加工的数控程序。

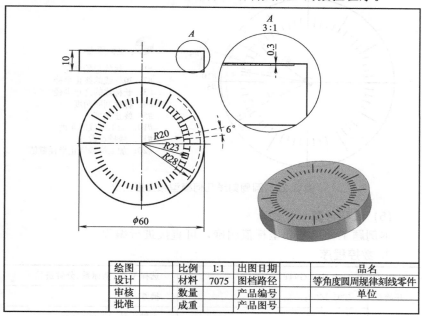

绘图		比例	1:1	出图日期		品名
设计		材料	7075	图档路径		等角度圆周规律刻线零件
审核		数量		产品编号		单位
批准		成重		产品图号		

图 3.28 等角度圆周规律刻线零件

3. 工艺分析和模型

(1) 工艺分析

该零件表面由有规律圆周分布的长短细线组成，零件图尺寸标注完整，符合数控加工尺寸标注要求；轮廓描述清楚完整；零件材料为 7075 铝，切削加工性能较好，无热处理和硬度要求。

（2）毛坯选择

零件材料为 7075 铝，ϕ60mm×10mm 圆柱。

（3）刀具选择

刀具号	刀具规格名称	加工内容	刀具特征	备注
T01	40°尖头刻刀	刻线	HSS	

（4）几何模型

本例题采用一次性装夹，圆周刻线几何模型和变量含义如图 3.29 所示。

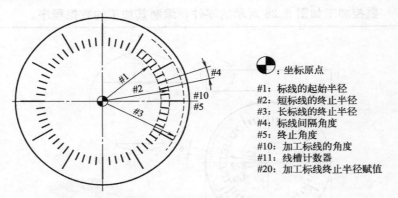

图 3.29　圆周刻线几何模型和变量含义

（5）数学计算

本例题工件尺寸和坐标值明确，可直接进行编程。

4. 数控程序

	G17 G54 G94；	选择平面、坐标系、分钟进给
开始	T01 M06；	换 01 号刀
	M03 S10000；	主轴正转、10000r/min
	＃1＝20	标线的起始半径赋值
	＃2＝23；	短标线的终止半径赋值
圆周	＃3＝28；	长标线的终止半径赋值
刻线	＃4＝6；	标线间隔角度赋值
	＃5＝360；	终止角度赋值
	＃6＝－0.3；	加工深度赋值

圆周刻线	#10=0;	加工标线角度赋初值
	#11=5;	计数器赋初值
	WHILE［#10LT#5］DO1;	加工条件判断
	#20=#2;	加工标线终止半径赋值
	IF［#11NE5］GOTO100;	条件跳转
	#20=#3;	加工标线终止半径重新赋值
	#11=0;	计数器重新赋初值
	N100;	程序跳转标记符
	G00 X［#1＊COS［#10］］Y［#1＊SIN［#10］］;	刀具定位
	G01 Z#6 F20;	z 向下刀
	X［#20＊COS［#10］］Y［#20＊SIN［#10］］F300;	刻线加工
	G00 Z5;	抬刀
	#10=#10＋#4;	标线角度递增
	#11=#11＋1;	计数器递增
	END1;	循环结束
结束	G00 Z200;	退刀
	M05;	主轴停
	M02;	程序结束

5. 刀具路径及切削验证（图 3.30）

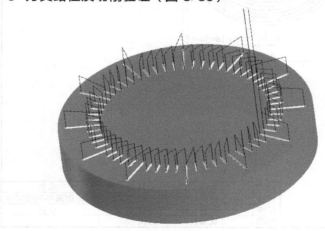

图 3.30 刀具路径及切削验证

十一、等比例圆环刻线零件

1. 学习目的

① 思考刻线操作的进给速度和主轴转速如何选择。

② 熟练掌握刻线形状的加工规律。

③ 学会使用半径累计的方法来完成扩大圆形形状

的加工要求。

④ 能迅速构建编程所使用的模型。

视频演示

2. 加工图纸及要求

数控加工如图 3.31 所示的零件，编制其加工的数控程序。

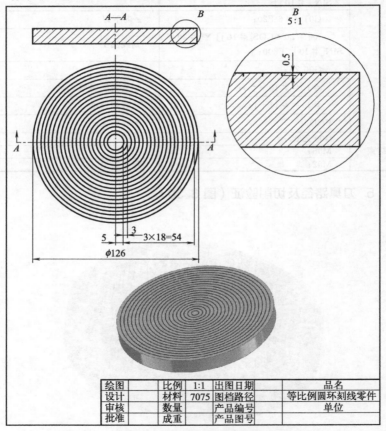

绘图		比例	1:1	出图日期		品名
设计		材料	7075	图档路径		等比例圆环刻线零件
审核		数量		产品编号		单位
批准		成重		产品图号		

图 3.31 等比例圆环刻线零件

3. 工艺分析和模型

(1) 工艺分析

该零件表面由多组有规律的同心圆的细线组成，零件图尺寸标注完整，符合数控加工尺寸标注要求；轮廓描述清楚完整；零件材料为7075铝，切削加工性能较好，无热处理和硬度要求。

(2) 毛坯选择

零件材料为7075铝，$\phi126\text{mm}\times12\text{mm}$ 铝块。

(3) 刀具选择

刀具号	刀具规格名称	加工内容	刀具特征	备注
T01	40°尖头刻刀	刻线	HSS	

(4) 几何模型

本例题采用一次性装夹，同心圆环刻线几何模型和变量含义如图3.32所示。

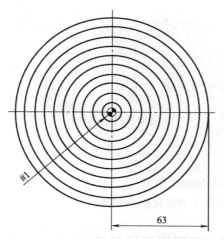

🌓：坐标原点
（与同心圆圆心重合）
#1：加工圆环的半径

图 3.32　同心圆环刻线几何模型和变量含义

(5) 数学计算

本例题工件尺寸和坐标值明确，可直接进行编程。

4. 数控程序

开始	G17 G54 G94；	选择平面、坐标系、分钟进给
	T01 M06；	调用1号整体硬质合金螺纹铣刀

开始	M03 S10000；	主轴正转、10000r/min
同心圆 环刻线	＃1＝5；	最小圆环半径
	WHILE［＃1LT60］DO1；	加工条件判断
	G00 X＃1 Y0；	定位
	Z－0.5 F80；	下刀到加工平面
	G03 I－＃1 J0 F300；	整圆刻线
	G00 Z2；	抬刀
	＃1＝＃1＋3；	圆环半径增加3
	END1；	循环结束
结束	G00 Z200；	抬刀
	M05；	主轴停
	M02；	程序结束

5. 刀具路径及切削验证（图 3.33）

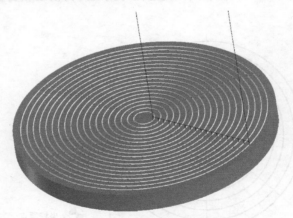

图 3.33　刀具路径及切削验证

十二、多段线刻线零件

1. 学习目的

① 思考刻线操作的进给速度和主轴转速如何选择。

② 熟练掌握刻线形状的加工规律。

③ 学会使用半径累计的方法来完成扩大圆形形状

视频演示

的加工要求。

④ 能迅速构建编程所使用的模型。

2. 加工图纸及要求

数控加工如图 3.34 所示的零件，编制其加工的数控程序。

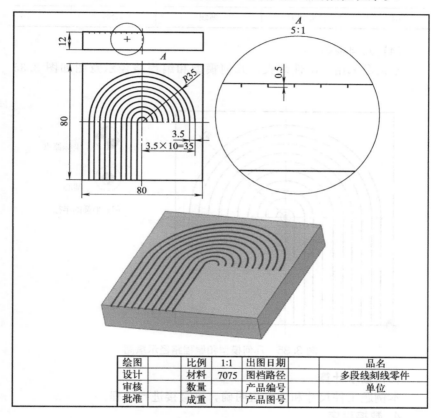

图 3.34　多段线刻线零件

3. 工艺分析和模型

(1) 工艺分析

该零件表面由有规律的半圆和直线细线构成，零件图尺寸标注完整，符合数控加工尺寸标注要求；轮廓描述清楚完整；零件材料为7075 铝，切削加工性能较好，无热处理和硬度要求。

（2）毛坯选择

零件材料为 7075 铝，80mm×80mm×12mm 铝块。

（3）刀具选择

刀具号	刀具规格名称	加工内容	刀具特征	备注
T01	40°尖头刻刀	刻线	HSS	

（4）几何模型

本例题采用一次性装夹，几何模型和编程路径示意图如图 3.35 所示。

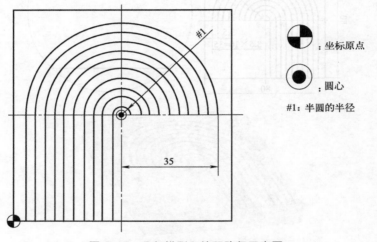

图 3.35　几何模型和编程路径示意图

（5）数学计算

本例题工件尺寸和坐标值明确，可直接进行编程。

4. 数控程序

	G17 G54 G94；	选择平面、坐标系、分钟进给
开始	T01 M06；	调用1号整体硬质合金螺纹铣刀
	M03 S10000；	主轴正转、10000r/min
规律刻线	＃1＝3.5；	最小圆环半径
	WHILE［＃1LE35］DO1；	加工条件判断
	G00 X［40＋＃1］Y40；	定位

	Z−0.5 F80;	下刀到加工平面
规律刻线	G03 X[40−#1] I−#1 J0 F300;	半圆刻线
	G01 Y0;	直线刻线
	G00 Z2;	抬刀
	#1=#1+3.5;	坐标旋转角度递增
	END1;	循环结束
结束	G00 Z200;	抬刀
	M05;	主轴停
	M02;	程序结束

5. 刀具路径及切削验证（图 3.36）

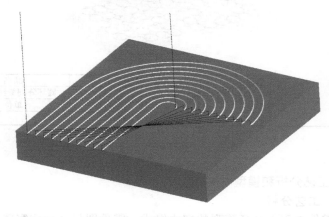

图 3.36　刀具路径及切削验证

十三、圆环阵列刻线零件

1. 学习目的

① 思考刻线操作的进给速度和主轴转速如何选择。

② 熟练掌握刻线形状的加工规律。

③ 学会起点的设计和宏程序移动的方法。

④ 能迅速构建编程所使用的模型。

视频演示

2. 加工图纸及要求

数控加工如图 3.37 所示的零件，编制其加工的数控程序。

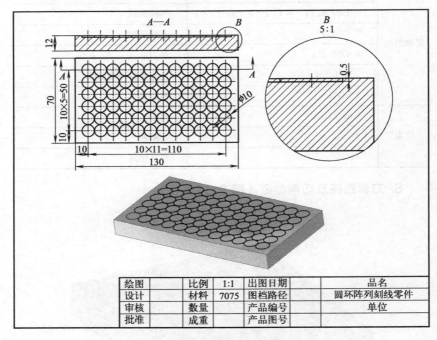

图 3.37　圆环阵列刻线零件

3. 工艺分析和模型

(1) 工艺分析

该零件表面由圆环阵列的细线组成，零件图尺寸标注完整，符合数控加工尺寸标注要求；轮廓描述清楚完整；零件材料为 7075 铝，切削加工性能较好，无热处理和硬度要求。

(2) 毛坯选择

零件材料为 7075 铝，130mm×70mm×12mm 铝块。

(3) 刀具选择

刀具号	刀具规格名称	加工内容	刀具特征	备注
T01	40°尖头刻刀	刻线	HSS	

（4）几何模型

本例题采用一次性装夹，几何模型和编程路径示意图如图 3.38 所示。

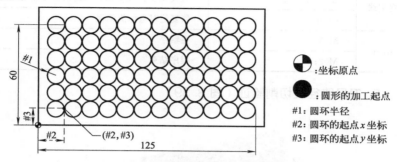

:坐标原点

:圆形的加工起点

#1：圆环半径
#2：圆环的起点 x 坐标
#3：圆环的起点 y 坐标

图 3.38　几何模型和编程路径示意图

（5）数学计算

本例题需要通过三角函数去计算各个角的坐标。

4. 数控程序

开始	G17 G54 G94；	选择平面、坐标系、分钟进给
	T01 M06；	调用1号整体硬质合金螺纹铣刀
	M03 S10000；	主轴正转、10000r/min
圆环阵列刻线	#1＝5；	圆环半径
	#3＝10；	圆环的起点 y 坐标
	WHILE［#3LE65］DO1；	加工条件判断
	#2＝15；	圆环的起点 x 坐标
	WHILE［#2LE125］DO2；	加工条件判断
	G00 X#2 Y#3；	定位圆环起点
	Z－0.5 F80；	下刀到加工平面
	G03 I－#1 J0 F300；	圆环加工
	G00 Z2；	抬刀
	#2＝#2＋10；	圆环的起点 x 坐标递增
	END2；	循环结束
	#3＝#3＋10；	圆环的起点 y 坐标递增
	END1；	循环结束

圆环阵列刻线	G91 G28 Z0;	刀具在 z 向以增量方式自动返回参考点
	G28 X0 Y0;	刀具在 x 向和 y 向自动返回参考点
	G90;	恢复绝对坐标值编程
结束	M05;	主轴停
	M02;	程序结束

5. 刀具路径及切削验证（图 3.39）

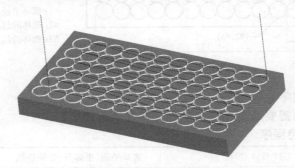

图 3.39 刀具路径及切削验证

十四、同方向折线零件

1. 学习目的

① 思考刻线操作的进给速度和主轴转速如何选择。

② 熟练掌握刻线形状的加工规律。

③ 学会使用宏程序来进行整体形状移动的方法。

④ 能迅速构建编程所使用的模型。

视频演示

2. 加工图纸及要求

数控加工如图 3.40 所示的零件，编制其加工的数控程序。

3. 工艺分析和模型

（1）工艺分析

该零件表面由直线构成的规律方向箭头组成，零件图尺寸标注完整，符合数控加工尺寸标注要求；轮廓描述清楚完整；零件材料为7075 铝，切削加工性能较好，无热处理和硬度要求。

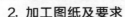

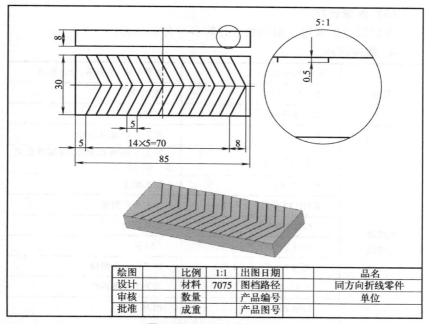

图 3.40　同方向折线零件

（2）毛坯选择

零件材料为 7075 铝，85mm×30mm×8mm 铝块。

（3）刀具选择

刀具号	刀具规格名称	加工内容	刀具特征	备注
T01	40°尖头刻刀	刻线	HSS	

（4）几何模型

本例题采用一次性装夹，几何模型和编程路径示意图如图 3.41 所示。

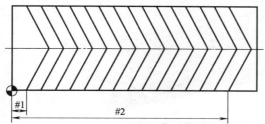

:坐标原点

#1：加工 x 向起点坐标

#2：加工 x 向终点坐标

#3：加工深度

图 3.41　几何模型和编程路径示意图

(5) 数学计算

本例题需要通过三角函数去计算各个角的坐标。

4. 数控程序

开始	G17 G54 G94；	选择平面、坐标系、分钟进给
	T01 M06；	换 01 号刀
	M03 S15000；	主轴正转、15000r/min
直线箭头刻线	#1＝5；	加工 x 向起点坐标
	#2＝5＋70；	加工 x 向终点坐标，即刻线总宽度＋起点位置
	#3＝0.5；	加工深度
	WHILE[#1LE#2]DO1；	加工条件判断
	G00 X#1 Y0；	刀具定位
	G01 Z－#3 F20；	z 向下刀
	X[#1＋8] Y15 F100；	加工第 1 条斜线
	X#1 Y30；	加工第 2 条斜线
	G00 Z5；	抬刀
	#1＝#1＋5；	加工 x 向坐标递增
	END1；	循环结束
结束	G00 Z200；	退刀
	M05；	主轴停
	M02；	程序结束

5. 刀具路径及切削验证（图 3.42）

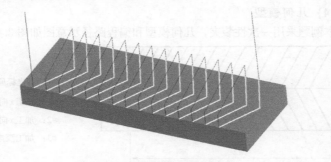

图 3.42　刀具路径及切削验证

十五、波浪线刻线零件

1. 学习目的

① 思考刻线操作的进给速度和主轴转速如何选择。

② 熟练掌握刻线形状的加工规律。

③ 学会周期性形状的设计，熟练宏程序简化编程的方法。

视频演示

④ 能迅速构建编程所使用的模型。

2. 加工图纸及要求

数控加工如图 3.43 所示的零件，编制其加工的数控程序。

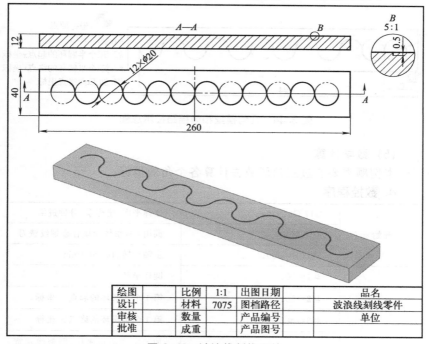

图 3.43　波浪线刻线零件

3. 工艺分析和模型

(1) 工艺分析

该零件表面由半圆细线构成的周期性波浪线组成，零件图尺寸标注完整，符合数控加工尺寸标注要求；轮廓描述清楚完整；零件材料为 7075 铝，切削加工性能较好，无热处理和硬度要求。

（2）毛坯选择

零件材料为 7075 铝，260mm×40mm×12mm 铝块。

（3）刀具选择

刀具号	刀具规格名称	加工内容	刀具特征	备注
T01	40°尖头刻刀	刻线	HSS	

（4）几何模型

本例题采用一次性装夹，几何模型和编程路径示意图如图 3.44 所示。

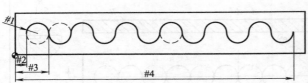

图 3.44　几何模型和编程路径示意图

（5）数学计算

本例题需要通过三角函数去计算各个角的坐标。

4. 数控程序

开始	G17 G54 G94；	选择平面、坐标系、分钟进给
	T01 M06	调用1号整体硬质合金螺纹铣刀
	M03 S10000；	主轴正转、10000r/min
波浪线刻线	#1=10；	圆环半径
	#2=10；	第 1 个半圆环的起点 x 坐标
	#3=#2+20；	第 1 个半圆环的终点 x 坐标
	#4=250；	加工 x 向终点坐标，即刻线总宽度＋起点位置
	G00 X#2 Y20；	定位圆环起点
	Z−0.5 F80；	下刀到加工平面
	WHILE［#3LT#4］DO1；	加工条件判断

	G02 X#3 I#1 J0 F300;	上半圆圆环加工
	#3=#3+20;	下半圆环终点 x 坐标
波浪线刻线	G03 X#3 I#1 J0 F300;	下半圆环加工
	#3=#3+20;	上半圆环终点 x 坐标
	END1;	循环结束
结束	G91 G28 Z0	刀具在 z 向以增量方式自动返回参考点
	G28 X0 Y0	刀具在 x 向和 y 向自动返回参考点
	G90	恢复绝对坐标值编程
	M05;	主轴停
	M02;	程序结束

5. 刀具路径及切削验证（图 3.45)

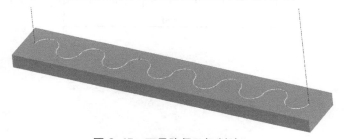

图 3.45　刀具路径及切削验证

十六、等比例圆弧槽零件

1. 学习目的

① 思考铣槽操作的进给速度和主轴转速如何选择。

② 熟练掌握等比例形状的加工规律。

③ 学会使用半径累计的方法来完成扩大圆形形状的加工要求。

④ 能迅速构建编程所使用的模型。

视频演示

2. 加工图纸及要求

数控加工如图 3.46 所示的零件，编制其加工的数控程序。

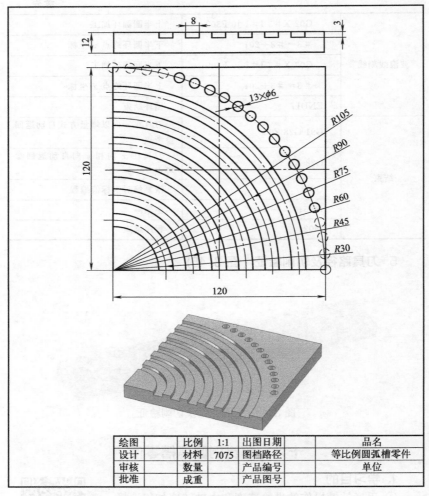

图 3.46 等比例圆弧槽零件

3. 工艺分析和模型

(1) 工艺分析

该零件表面由同心的多组圆弧槽组成，零件图尺寸标注完整，符合数控加工尺寸标注要求；轮廓描述清楚完整；零件材料为 7075 铝，切削加工性能较好，无热处理和硬度要求。

(2) 毛坯选择

零件材料为 7075 铝，120mm×120mm×12mm 铝块。

(3) 刀具选择

刀具号	刀具规格名称	加工内容	刀具特征	备注
T01	φ8mm 平底刀	型腔区域	HSS	
T02	φ6mm 钻头	阵列孔区域	HSS	

(4) 几何模型

本例题采用一次性装夹，几何模型和编程路径示意图如图 3.47 所示。

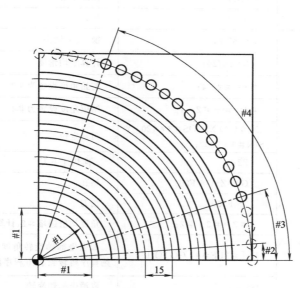

图 3.47　几何模型和编程路径示意图

(5) 数学计算

本例题需要通过三角函数去计算各个角的坐标。

4. 数控程序

	G17 G54 G94；	选择平面、坐标系、分钟进给
开始	T01 M06；	换 01 号刀
	M03 S2000；	主轴正转、2000r/min

	#1＝30；	x 坐标、y 坐标和 R 半径赋初值
	WHILE［#1LE105］DO 1；	循环条件判断
	G00 X0 Y#1；	定位圆弧起点
	G01 Z－3 F80；	进给下刀
圆弧槽	G02 X#1 Y0 R#1；	铣削圆弧槽
	G00 Z2；	抬刀
	#1＝#1＋15；	圆弧槽半径值递增
	END1；	循环结束
	G00 Z100；	抬刀
	T02 M06；	换 02 号钻头
	#2＝90/20；	计算平均角度
	#3＝#2＊4；	初始角度设置为#3
	#4＝90－#2＊4；	结束角度设置为#4
	N10 G00 X［COS#3＊120］Y［SIN#3＊120］；	刀具定位
阵列孔	Z2；	z 向快速下刀
	G01 Z－16 F20；	钻孔
	Z5 F500；	抬刀
	#3＝#3＋#2；	角度均值递增#2，计算孔的位置
	IF［#3LE#4］GOTO 10；	如果坐标轴旋转角度#3≤#4，则程序跳转到 N10 程序段
	G69；	取消坐标轴旋转
	G91 G28 Z0；	刀具在 z 向以增量方式自动返回参考点
	G28 X0 Y0；	刀具在 x 向和 y 向自动返回参考点
结束	G90；	恢复绝对坐标值编程
	M05；	主轴停
	M02；	程序结束

5. 刀具路径及切削验证 (图 3.48)

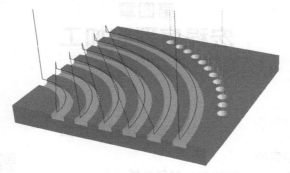

图 3.48　刀具路径及切削验证

第四章
宏程序型腔加工

一、矩形模块零件光顶面

1. 学习目的

① 思考加工轮廓的起点如何选择。

② 学会对矩形平面宏程序编程加工的方法。

③ 能迅速构建编程所使用的模型。

视频演示

2. 加工图纸及要求

数控加工如图 4.1 所示的零件，编制其加工的数控程序。

绘图		比例	1:1	出图日期		品名	
设计		材料	7075	图档路径		矩形模块零件光顶面	
审核		数量		产品编号		单位	
批准		成重		产品图号			

图 4.1 矩形模块零件光顶面

3. 工艺分析和模型

(1) 工艺分析

该零件为一完整的毛坯块，需要铣削顶面，使其平整。零件图尺寸标注完整，符合数控加工尺寸标注要求；轮廓描述清楚完整；零件材料为 7075 铝，切削加工性能较好，无热处理和硬度要求。

(2) 毛坯选择

零件材料为 7075 铝，100mm×80mm×26mm 铝块。

(3) 刀具选择

刀具号	刀具规格名称	加工内容	刀具特征	备注
T01	ϕ20mm 平底刀	顶面区域	HSS	

(4) 几何模型

设矩形平面长 L，宽 B，铣削深度 H，采用直径为 D 的立铣刀铣削加工。设工件坐标原点在工件上表面的左前角，采用双向平行铣削加工，矩形平面几何模型和变量含义如图 4.2 所示。

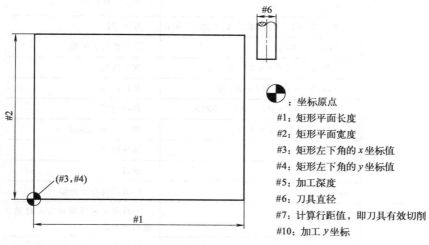

◑：坐标原点
#1：矩形平面长度
#2：矩形平面宽度
#3：矩形左下角的 x 坐标值
#4：矩形左下角的 y 坐标值
#5：加工深度
#6：刀具直径
#7：计算行距值，即刀具有效切削
#10：加工 y 坐标

图 4.2　矩形平面几何模型和变量含义

我们选择 y 坐标作为循环变量。

(5) 数学计算

本例题需要通过三角函数去计算各个角的坐标。

4. 数控程序

开始	G17 G54 G94;	选择平面、坐标系、分钟进给
	T01 M06;	换 01 号刀
	M03 S2000;	主轴正转、2000r/min
矩形顶面	G43 G00 Z5 H01;	建立刀具长度补偿
	#1＝100;	矩形平面长度赋值
	#2＝80;	矩形平面宽度赋值
	#3＝0;	矩形左下角的 x 坐标值
	#4＝0;	矩形左下角的 y 坐标值
	#5＝2;	加工深度赋值
	#6＝20;	刀具直径赋值
	#7＝0.75＊#6;	计算行距值,行距取 0.75 倍刀具直径
	#10＝0;	加工 y 坐标赋初值
	WHILE[#10LE[#2－0.5＊#6＋#7]] DO1;	加工条件判断
	G00 X[#1＋#6＋#3] Y[#10＋#4];	刀具定位
	G00 Z－#5;	下刀到加工平面
	G01 X[－#6＋#3] F300;	直线铣削
	G00 Y[#10＋#7＋#4];	刀具定位
	G01 X[#1＋#6＋#3] F300;	直线铣削
	#10＝#10＋2＊#7;	加工 y 坐标递增
	END1;	循环结束
	G00 Z20;	退刀
	G49;	取消刀具长度补偿
结束	G91 G28 Z0;	刀具在 z 向以增量方式自动返回参考点
	G28 X0 Y0;	刀具在 x 向和 y 向自动返回参考点
	G90;	恢复绝对坐标值编程
	M05;	主轴停
	M02;	程序结束

5. 刀具路径及切削验证（图4.3）

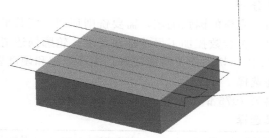

图4.3 刀具路径及切削验证

二、圆柱零件光顶面

1. 学习目的

① 思考加工轮廓的起点如何选择。

② 学会对圆形平面宏程序编程加工的方法。

③ 能迅速构建编程所使用的模型。

视频演示

2. 加工图纸及要求

数控加工如图4.4所示的零件，编制其加工的数控程序。

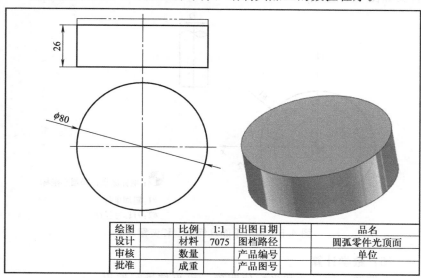

绘图		比例	1:1	出图日期		品名
设计		材料	7075	图档路径		圆弧零件光顶面
审核		数量		产品编号		单位
批准		成重		产品图号		

图4.4 圆柱零件光顶面

3. 工艺分析和模型

(1) 工艺分析

该零件为一完整的圆弧毛坯，需要铣削顶面，使其平整。零件图尺寸标注完整，符合数控加工尺寸标注要求；轮廓描述清楚完整；零件材料为 7075 铝，切削加工性能较好，无热处理和硬度要求。

(2) 毛坯选择

零件材料为 7075 铝，$\phi 80\text{mm} \times 26\text{mm}$ 圆柱。

(3) 刀具选择

刀具号	刀具规格名称	加工内容	刀具特征	备注
T01	$\phi 20\text{mm}$ 平底刀	顶面区域	HSS	

(4) 几何模型

在进行圆周平面取余量时，往往每次旋转完一个圆周后就需要根据刀具直径向一个方向递进一个小于刀具直径的量。然后再次旋转，直至最终取完余量。

选择 $\phi 20\text{mm}$ 平底刀，那么刀具的每次圆周铣削完毕的移动量应小于刀具直径，此处取 $20 - 2 = 18$（mm）。圆形平面几何模型和变量含义如图 4.5 所示。

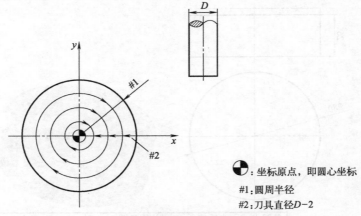

:坐标原点，即圆心坐标
#1:圆周半径
#2:刀具直径D-2

图 4.5　圆形平面几何模型和变量含义

(5) 数学计算

本例题工件尺寸和坐标值明确，可直接进行编程。

4. 数控程序

开始	G17 G54 G94；	选择平面、坐标系、分钟进给
	T01 M06；	换 01 号刀
	M03 S2000；	主轴正转、2000r/min
圆形顶面	G00 X0Y0；	至编程原点上方
	G00 G43 H01 Z100；	移动至下刀平面
	＃1＝80/2；	圆周半径
	＃2＝20－2；	刀具直径－2
	G00 X0 Y－＃1；	圆定位
	G01 Z－5 F20；	z 方向进给
	N10 G1Y－＃1；	y 方向进给，此步用于程序定位
	G02 X0 Y－＃1 I0 J＃1；	铣削整圆
	＃1＝＃1－＃2；	计算圆周半径
	IF［＃1GT0］GOTO 10；	条件判定语句
	G49 G00 Z15；	刀具快速上升至工件坐标零点 z 向 15mm 处
结束	G91 G28 Z0；	刀具在 z 向以增量方式自动返回参考点
	G28 X0 Y0；	刀具在 x 向和 y 向自动返回参考点
	G90；	恢复绝对坐标值编程
	M05；	主轴停
	M02；	程序结束

5. 刀具路径及切削验证（图 4.6）

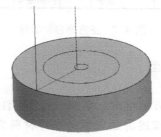

图 4.6 刀具路径及切削验证

三、正方形台阶零件

1. 学习目的

① 思考加工轮廓的起点如何选择。

② 学会对整体宏程序编程加工的方法。

③ 掌握多层加工深度的编程。

④ 能迅速构建编程所使用的模型。

视频演示

2. 加工图纸及要求

数控加工如图 4.7 所示的零件，编制其加工的数控程序。

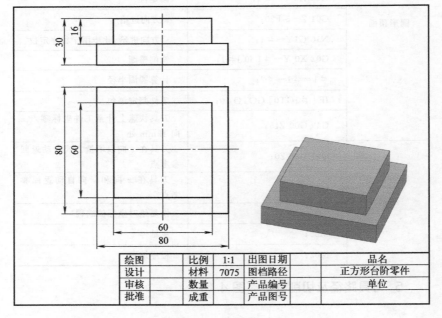

绘图		比例	1:1	出图日期		品名	
设计		材料	7075	图档路径		正方形台阶零件	
审核		数量		产品编号		单位	
批准		成重		产品图号			

图 4.7　正方形台阶零件

3. 工艺分析和模型

(1) 工艺分析

该零件表面为正方形台阶，零件图尺寸标注完整，符合数控加工尺寸标注要求；轮廓描述清楚完整；零件材料为 7075 铝，切削加工性能较好，无热处理和硬度要求。

(2)毛坯选择

零件材料为7075铝，80mm×80mm×30mm铝块。

(3)刀具选择

刀具号	刀具规格名称	加工内容	刀具特征	备注
T01	ϕ20mm 平底刀	型腔区域	HSS	

(4)几何模型

本例题采用一次性装夹，轮廓部分直接用刀具中心编程，不采用刀具补偿，几何模型和编程路径示意图如图4.8所示。

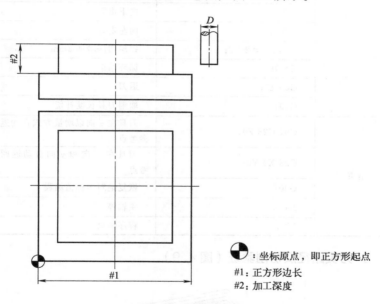

：坐标原点，即正方形起点

#1：正方形边长

#2：加工深度

图4.8 几何模型和编程路径示意图

(5)数学计算

本例题工件尺寸和坐标值明确，可直接进行编程。

4. 数控程序

	G17 G54 G94；	选择平面、坐标系、分钟进给
开始	T01 M06；	换01号刀
	M03 S2000；	主轴正转、2000r/min

	G00 X0 Y0;	定位在正方形起点上方
	G43 Z5 H01;	建立刀具长度补偿
	#1=80;	正方形边长
	#2=2;	加工深度赋初值
	WHILE[#2LE16] DO1;	加工条件判断
正方形台阶	G00 Z−#2;	下刀到加工平面
	G01 Y#1 F300;	向上走刀
	X#1;	向右走刀
	Y0;	向下走刀
	X0;	向左走刀
	#2=#2+2;	每层切深增加 2mm
	END1;	循环结束
	G00 Z5;	退刀
	G49;	取消刀具长度补偿
结束	G91 G28 Z0;	刀具在 z 向以增量方式自动返回参考点
	G28 X0 Y0;	刀具在 x 向和 y 向自动返回参考点
	G90;	恢复绝对坐标值编程
	M05;	主轴停
	M02;	程序结束

5. 刀具路径及切削验证（图 4.9）

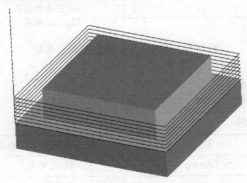

图 4.9 刀具路径及切削验证

四、内腔配合零件

1. 学习目的

① 思考加工轮廓的起点如何选择。

② 学会对整体宏程序编程加工的方法。

③ 掌握多层加工深度的编程。

④ 能迅速构建编程所使用的模型。

视频演示

2. 加工图纸及要求

数控加工如图 4.10 所示的零件，编制其加工的数控程序。

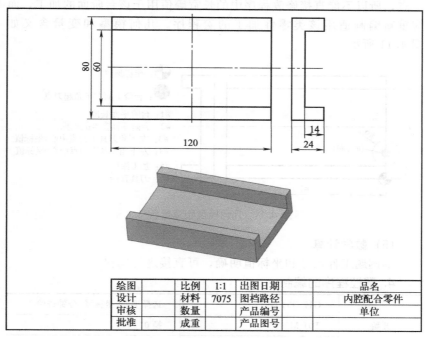

绘图		比例	1:1	出图日期		品名	
设计		材料	7075	图档路径		内腔配合零件	
审核		数量		产品编号		单位	
批准		成重		产品图号			

图 4.10　内腔配合零件

3. 工艺分析和模型

(1) 工艺分析

该零件表面由矩形型腔台阶组成，零件图尺寸标注完整，符合数控加工尺寸标注要求；轮廓描述清楚完整；零件材料为 7075 铝，切削加工性能较好，无热处理和硬度要求。

（2）毛坯选择

零件材料为 7075 铝，120mm×80mm×24mm 铝块。

（3）刀具选择

刀具号	刀具规格名称	加工内容	刀具特征	备注
T01	φ20mm 平底刀	型腔区域	HSS	

（4）几何模型

由于加工零件时有台阶侧面，即最后一刀的刀具中心轨迹必须保证距离台阶侧面正好为 0.5 倍刀具直径，前面的例题程序无法保证这一点，所以不能直接修改程序中的长宽等值用于该台阶面的加工，而应重新编制适用该类零件加工的宏程序。几何模型和变量含义如图 4.11 所示。

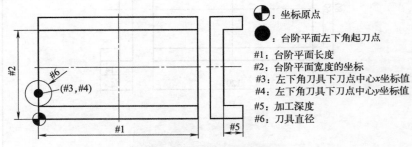

● 坐标原点
● 台阶平面左下角起刀点
#1：台阶平面长度
#2：台阶平面宽度的坐标
#3：左下角刀具下刀点中心 x 坐标值
#4：左下角刀具下刀点中心 y 坐标值
#5：加工深度
#6：刀具直径

图 4.11 几何模型和变量含义

（5）数学计算

本例题工件尺寸和坐标值明确，可直接进行编程。

4. 数控程序的编制

	G17 G54 G94；	选择平面、坐标系、分钟进给
开始	T01 M06；	换 01 号刀
	M03 S2000；	主轴正转、2000r/min
	G00 G43 H01 Z5；	移动至下刀平面
矩形型腔	#1＝120；	台阶平面长度赋值
	#2＝60＋10；	台阶平面宽度的坐标
	#3＝0；	左下角刀具下刀点中心 x 坐标值
	#4＝20；	左下角刀具下刀点中心 y 坐标值

	♯5＝2；	加工深度赋值
	♯6＝20；	刀具直径赋值
	WHILE［♯5LE14］DO1；	加工条件判断
	G00 X♯3 Y♯4；	刀具定位
	G01 Z－♯5 F80；	下刀到加工平面
	G01 X♯1 F300；	x向加工
矩形型腔	G01 Y40F300；	加工至中间位置
	G91 X－♯1 F300；	相对坐标，反向x向加工
	G90；	绝对坐标
	G01 Y［♯2－♯6/2］F300；	加工至上边缘
	G01 X♯1 F300；	x向加工
	G0 Z2；	抬刀到安全平面高度
	♯5＝♯5＋2；	每层切深增加2mm
	END1；	循环结束
	G49 G00 Z50；	刀具快速上升至工件坐标零点z向50mm处
结束	G91 G28 Z0；	刀具在z向以增量方式自动返回参考点
	G28 X0 Y0；	刀具在x向和y向自动返回参考点
	G90；	恢复绝对坐标值编程
	M05；	主轴停
	M02；	程序结束

5. 刀具路径及切削验证（图 4.12）

图 4.12 刀具路径及切削验证

五、斜内腔配合零件

1. 学习目的

① 思考加工轮廓的起点如何选择。

② 学会对整体宏程序编程加工的方法。

③ 熟练掌握型腔范围的设定，右侧必须进行延长并计算之。

视频演示

④ 熟练掌握旋转指令 G68 宏程序编程的方法。

⑤ 掌握多层加工深度的编程。

⑥ 能迅速构建编程所使用的模型。

2. 加工图纸及要求

数控加工如图 4.13 所示的零件，编制其加工的数控程序。

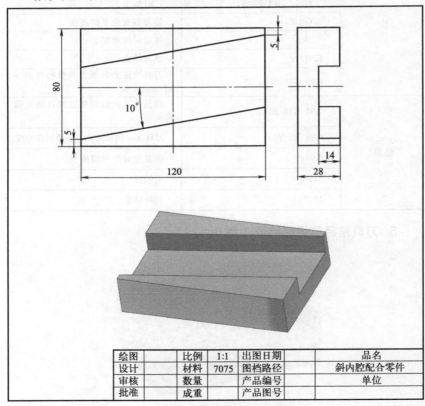

绘图		比例	1:1	出图日期		品名	
设计		材料	7075	图档路径		斜内腔配合零件	
审核		数量		产品编号		单位	
批准		成重		产品图号			

图 4.13 斜内腔配合零件

3. 工艺分析和模型

(1) 工艺分析

该零件表面由斜的矩形型腔台阶组成，零件图尺寸标注完整，符合数控加工尺寸标注要求；轮廓描述清楚完整；零件材料为7075铝，切削加工性能较好，无热处理和硬度要求。

(2) 毛坯选择

零件材料为7075铝，120mm×80mm×28mm铝块。

(3) 刀具选择

刀具号	刀具规格名称	加工内容	刀具特征	备注
T01	ϕ20mm 平底刀	型腔区域	HSS	

(4) 几何模型

本例题采用一次性装夹，用旋转方法加工出斜内腔形状，几何模型和编程路径示意图如图4.14所示。

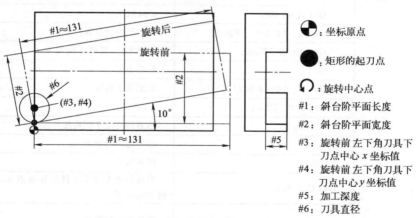

图4.14 几何模型和编程路径示意图

说明：
- ：坐标原点
- ：矩形的起刀点
- ：旋转中心点
- #1：斜台阶平面长度
- #2：斜台阶平面宽度
- #3：旋转前 左下角刀具下刀点中心 x 坐标值
- #4：旋转前 左下角刀具下刀点中心 y 坐标值
- #5：加工深度
- #6：刀具直径

(5) 数学计算

本例题工件尺寸和坐标值明确，可直接进行编程。

4. 宏程序

开始	G17 G54 G94；	选择平面、坐标系、分钟进给
	T01 M06；	换01号刀
	M03 S2000；	主轴正转、2000r/min

	G00 G43 H01 Z5;	移动至下刀平面
	#1=131;	斜台阶平面长度,取近似数值即可
	#2=48.099;	斜台阶平面宽度
	#3=0;	旋转前左下角刀具下刀点中心 x 坐标值
	#4=15;	旋转前左下角刀具下刀点中心 y 坐标值
	#5=2;	加工深度赋值
	#6=20;	刀具直径赋值
	N10 G68 X0 Y5 R10;	工件坐标轴旋转10°,N11 段号仅备用,可省略
	WHILE[#5LE14] DO1;	加工条件判断
斜型腔	G00 X#3 Y#4;	刀具定位
	G01 Z−#5 F80;	下刀到加工平面
	G01 X#1 F300;	x 向加工
	G01 Y[#2/2+5] F300;	加工至中间位置
	G91 X−#1 F300;	相对坐标,反向 x 向加工
	G90;	绝对坐标
	G01 Y[#2−#6/2] F300;	加工至上边缘
	G01 X#1 F300;	x 向加工
	G0 Z2;	抬刀到安全平面高度
	#5=#5+2;	每层切深增加 2mm
	END1;	循环结束
	G49 G00 Z50;	刀具快速上升至工件坐标零点 z 向50mm 处
	G69;	取消坐标轴旋转
结束	G91 G28 Z0;	刀具在 z 向以增量方式自动返回参考点
	G28 X0 Y0;	刀具在 x 向和 y 向自动返回参考点
	G90;	恢复绝对坐标值编程
	M05;	主轴停
	M02;	程序结束

5. 刀具路径及切削验证 (图 4.15)

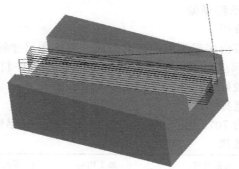

图 4.15　刀具路径及切削验证

六、复合轮廓多台阶零件

1. 学习目的

① 思考加工轮廓的起点如何选择。

② 学会对整体宏程序编程加工的方法。

③ 熟练掌握型腔范围的设定，学会刀具补偿编程的方法。

视频演示

④ 掌握多层加工深度的编程。

⑤ 能迅速构建编程所使用的模型。

2. 加工图纸及要求

如图 4.16 所示，数控铣削加工含多个台阶的模型，试编制其加

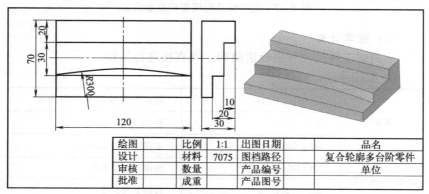

绘图		比例	1:1	出图日期		品名
设计		材料	7075	图档路径		复合轮廓多台阶零件
审核		数量		产品编号		单位
批准		成重		产品图号		

图 4.16　复合轮廓多台阶零件

工宏程序。

3. 工艺分析和模型

(1) 工艺分析

该零件表面由多层型腔的台阶组成，零件图尺寸标注完整，符合数控加工尺寸标注要求；轮廓描述清楚完整；零件材料为 7075 铝，切削加工性能较好，无热处理和硬度要求。

(2) 毛坯选择

零件材料为 7075 铝，120mm×70mm×30mm 铝块。

(3) 刀具选择

刀具号	刀具规格名称	加工内容	刀具特征	备注
T01	ϕ20mm 平底刀	型腔区域	HSS	

(4) 几何模型

本例题采用一次性装夹，该零件的几何模型和变量含义如图 4.17 所示。

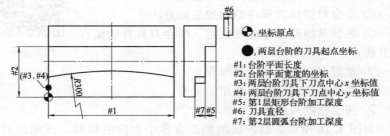

● ：坐标原点
● 两层台阶的刀具起点坐标
#1：台阶平面长度
#2：台阶平面宽度的坐标
#3：两层台阶刀具下刀点中心 x 坐标值
#4：两层台阶刀具下刀点中心 y 坐标值
#5：第1层矩形台阶加工深度
#6：刀具直径
#7：第2层圆弧台阶加工深度

图 4.17　抛物线几何模型和变量含义

(5) 数学计算

本例题工件尺寸和坐标值明确，可直接进行编程。

4. 数控程序

	G17 G54 G94；	选择平面、坐标系、分钟进给
开始	T01 M06；	换 01 号刀
	M03 S2000；	主轴正转、2000r/min
深度 10 的台阶	G00 G43 H01 Z5；	移动至下刀平面
	#1＝120；	台阶平面长度

	＃2＝70－20；	台阶平面宽度的坐标
	＃3＝0；	第1层台阶刀具下刀点中心 x 坐标值
	＃4＝10；	第1层台阶刀具下刀点中心 y 坐标值
	＃5＝2；	第1层台阶加工深度赋值
	＃6＝20；	刀具直径值赋值
	WHILE［＃5LE10］DO1；	加工条件判断
	G00 X＃3 Y＃4；	刀具定位
深度 10 的台阶	G01 Z－＃5 F80；	下刀到加工平面
	G01 X＃1 F300；	x 向加工
	G01 Y25 F300；	加工至中间位置
	G91 X－＃1 F300；	相对坐标，反向 x 向加工
	G90；	绝对坐标
	G01 Y［＃2－＃6/2］F300；	加工至上边缘
	G01 X＃1 F300；	x 向加工
	G0 Z2；	抬刀到安全平面高度
	＃5＝＃5+2；	每层切深增加 2mm
	END1；	循环结束
	＃7＝10；	圆弧轮廓台阶面加工深度赋值
	WHILE［＃7LE20］DO2；	加工条件判断
	G00 X＃3 Y＃4；	刀具定位
	G01 Z－＃7 F80；	下刀到加工平面
深度 20 的台阶	G02 X＃1 R300 F300；	x 向加工
	G01 X＃3；	加工回起点
	G0 Z2；	抬刀到安全平面高度
	＃7＝＃7+2；	每层切深增加 2mm
	END2；	循环结束
	G49 G00 Z50；	刀具快速上升至工件坐标零点 z 向 50mm 处

	G91 G28 Z0;	刀具在 z 向以增量方式自动返回参考点
结束	G28 X0 Y0;	刀具在 x 向和 y 向自动返回参考点
	G90;	恢复绝对坐标值编程
	M05;	主轴停
	M02;	程序结束

5. 刀具路径及切削验证（图 4.18）

图 4.18　刀具路径及切削验证

七、圆柱直槽配合零件

1. 学习目的
① 思考加工轮廓的起点如何选择。
② 学会对整体宏程序编程加工的方法。
③ 熟练掌握型腔范围的设定。
④ 掌握多层加工深度的编程。
⑤ 能迅速构建编程所使用的模型。

视频演示

2. 加工图纸及要求
数控加工如图 4.19 所示的零件，编制其加工的数控程序。

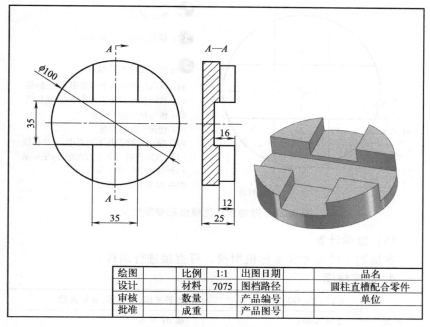

图 4.19　圆柱直槽配合零件

3. 工艺分析和模型

(1) 工艺分析

该零件表面由横竖交叉十字形型腔台阶组成，零件图尺寸标注完整，符合数控加工尺寸标注要求；轮廓描述清楚完整；零件材料为7075 铝，切削加工性能较好，无热处理和硬度要求。

(2) 毛坯选择

零件材料为 7075 铝，$\phi 100$mm×25mm 圆柱。

(3) 刀具选择

刀具号	刀具规格名称	加工内容	刀具特征	备注
T01	$\phi 20$mm 平底刀	型腔区域	HSS	

(4) 几何模型

本例题采用一次性装夹，抛物线几何模型和变量含义如图 4.20 所示。

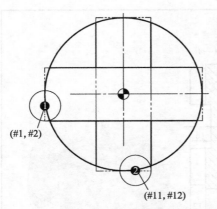

● ：坐标原点

❶：横向台阶刀具起刀点

❷：纵向台阶刀具起刀点

#1：横向台阶刀具下刀点中心x坐标值

#2：横向台阶刀具下刀点中心y坐标值

#3：横向台阶加工深度

#4：横向台阶总深度

#11：纵向台阶刀具下刀点中心x坐标值

#12：纵向台阶刀具下刀点中心y坐标值

#13：纵向台阶加工深度

#14：纵向台阶总深度

图 4.20　抛物线几何模型和变量含义

(5) 数学计算

本例题工件尺寸和坐标值明确，可直接进行编程。

4. 数控程序

开始	G17 G54 G94；	选择平面、坐标系、分钟进给
	T01 M06；	换 01 号刀
	M03 S2000；	主轴正转、2000r/min
十字形型腔台阶	G00 G43 H01 Z5；	移动至下刀平面
	#1＝−50；	横向台阶刀具下刀点中心 x 坐标值
	#2＝−17.5＋10；	横向台阶刀具下刀点中心 y 坐标值
	#3＝2；	横向台阶加工深度赋值
	#4＝16；	横向台阶总深度
	WHILE[#3LE#4] DO1；	加工条件判断
	G00 X#1 Y#2；	刀具定位
	G01 Z−#3 F80；	下刀到加工平面
	X50 F300；	x 向加工
	Y[17.5−10]；	y 向加工至上侧位置
	X#1；	相对坐标，反向 x 向加工
	Y#2；	y 向返回初始位置
	#3＝#3＋2；	每层切深增加 2mm

	END1；	循环结束
	G00Z2；	抬刀
	#11＝17.5－10；	纵向台阶刀具下刀点中心 x 坐标值
	#12＝－50；	纵向台阶刀具下刀点中心 y 坐标值
	#13＝；2	纵向台阶加工深度赋值
	#14＝12；	纵向台阶总深度
十字形型腔台阶	WHILE［#13LE#14］DO1；	加工条件判断
	G00 X#11 Y#12；	刀具定位
	G01 Z－#13 F80；	下刀到加工平面
	Y50 F300；	y 向加工
	X［－17.5＋10］；	x 向加工至左侧位置
	Y#12；	相对坐标，反向 y 向加工
	X#11；	x 向返回初始位置
	#13＝#13＋2；	每层切深增加 2mm
	END1；	循环结束
	G00Z2；	抬刀
结束	G28 X0 Y0；	刀具在 x 向和 y 向自动返回参考点
	G90；	恢复绝对坐标值编程
	M05；	主轴停
	M02；	程序结束

5. 刀具路径及切削验证（图4.21）

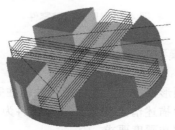

图4.21　刀具路径及切削验证

八、圆形内腔零件

1. 学习目的

① 思考加工轮廓的起点如何选择。

② 学会对整体宏程序编程加工的方法。

③ 熟练掌握圆形型腔范围的设定。

④ 掌握多层加工深度的编程。

⑤ 能迅速构建编程所使用的模型。

视频演示

2. 加工图纸及要求

数控加工如图 4.22 所示的零件，编制其加工的数控程序。

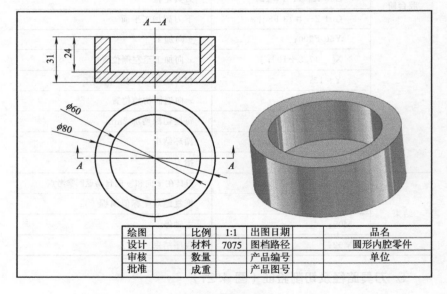

绘图		比例	1:1	出图日期		品名	
设计		材料	7075	图档路径		圆形内腔零件	
审核		数量		产品编号		单位	
批准		成重		产品图号			

图 4.22　圆形内腔零件

3. 工艺分析和模型

(1) 工艺分析

该零件表面由圆形槽组成，零件图尺寸标注完整，符合数控加工尺寸标注要求；轮廓描述清楚完整；零件材料为 7075 铝，切削加工性能较好，无热处理和硬度要求。

(2）毛坯选择

零件材料为 7075 铝，$\phi80\text{mm}\times31\text{mm}$ 圆柱。

(3）刀具选择

刀具号	刀具规格名称	加工内容	刀具特征	备注
T01	$\phi10\text{mm}$ 平底刀	型腔区域	HSS	

(4）几何模型

此零件加工内容为 $\phi60\text{mm}\times24\text{mm}$ 的型腔，在编程原点落刀后，让其在 y 方向上以小于刀具直径 2mm 为增量，旋转完成型腔的加工。在此注意加工到最后一圈时应考虑刀具半径（去余量时没有加刀补）。

选择 $\phi10\text{mm}$ 平底刀。圆形型腔几何模型和变量含义如图 4.3 所示。

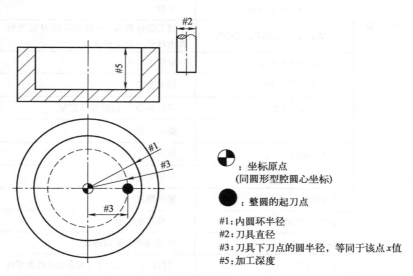

⊕：坐标原点
（同圆形型腔圆心坐标）

●：整圆的起刀点

#1：内圆环半径
#2：刀具直径
#3：刀具下刀点的圆半径，等同于该点 x 值
#5：加工深度

图 4.23　圆形型腔几何模型和变量含义

(5）数学计算

本例题工件尺寸和坐标值明确，可直接进行编程。

4. 数控程序

开始	G17 G54 G94;	选择平面、坐标系、分钟进给
	T01 M06;	换 01 号刀
	M03 S2000;	主轴正转、2000r/min
圆形型腔	G00 X0Y0;	至编程原点上方
	G00 G43 H01 Z5;	移动至下刀平面
	#1＝60/2;	内圆环半径
	#2＝10;	刀具直径
	#5＝2;	加工深度赋初值
	WHILE[#5LE24] DO1;	加工条件判断
	#3＝#1－#2/2;	初始的刀具下刀点 x 赋初值
	G00 X#3 Y0;	定位在圆弧右侧
	G01 Z－#5 F80;	下刀
	WHILE[#3GE4] DO2;	加工条件判断,根据移动的刀宽先行算出最后一刀 x 值为 4
	G01 X#3 F300;	定位起刀点
	G02 I－#3;	铣削整圆
	#3＝#3－7;	刀具移动 70%的刀具宽度
	END2;	循环结束
	G00Z2;	抬刀
	#5＝#5＋2;	每层切深增加 2mm
	END1;	循环结束
	G49 G00 Z50;	刀具快速上升
结束	G0 Z200;	抬刀到安全平面高度
	G91 G28 Z0;	刀具在 z 向以增量方式自动返回参考点
	G28 X0 Y0;	刀具在 x 向和 y 向自动返回参考点
	G90;	恢复绝对坐标值编程
	M05;	主轴停
	M02;	程序结束

5. 刀具路径及切削验证（图 4.24）

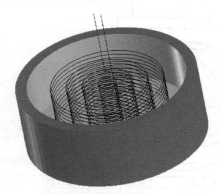

图 4.24 刀具路径及切削验证

九、多层凸台配合零件

1. 学习目的

① 思考加工轮廓的起点如何选择。

② 学会对整体宏程序编程加工的方法。

③ 学会刀具补偿编程的方法。

④ 掌握多层加工深度的编程。

⑤ 能迅速构建编程所使用的模型。

视频演示

2. 加工图纸及要求

数控加工如图 4.25 所示的零件，编制其加工的数控程序。

3. 工艺分析和模型

（1）工艺分析

该零件表面由三段连续且等尺寸的圆弧台阶组成，零件图尺寸标注完整，符合数控加工尺寸标注要求；轮廓描述清楚完整；零件材料为 7075 铝，切削加工性能较好，无热处理和硬度要求。

（2）毛坯选择

零件材料为 7075 铝，$\phi100\text{mm} \times 24\text{mm}$ 圆柱。

（3）刀具选择

刀具号	刀具规格名称	加工内容	刀具特征	备注
T01	$\phi20\text{mm}$ 平底刀	型腔区域	HSS	

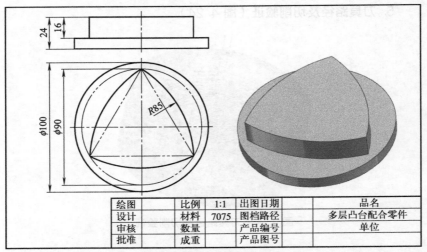

图 4.25　多层凸台配合零件

（4）几何模型

圆曲线本质上就是边数等于 n 的正多边形，所以圆的曲线方程实际上就是正多边形节点的坐标方程：

$$\begin{cases} x = R\cos t \\ y = R\sin t \end{cases}$$

其中，R 为正多边形外接圆半径，t 为正多边形节点与外接圆圆心的连线和 x 正半轴的夹角。设工件原点在正多边形的对称中心，需要注意，深度赋值需要给定总深度和初始深度，本例题采用一次性装夹，几何模型和编程路径示意图如图 4.26 所示。

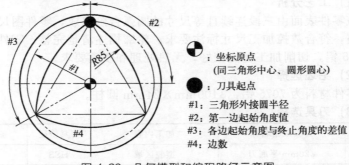

图 4.26　几何模型和编程路径示意图

(5) 数学计算

本例题需要计算圆弧的坐标，可采用三角函数计算。

4. 数控程序

开始	G17 G54 G94；	选择平面、坐标系、分钟进给
	T01 D01；	换 01 号刀
	M03 S2000；	主轴正转、2000r/min
圆弧凸台	G00 X0Y82；	至起点外部的上方
	G00 G43 H01 Z5；	移动至下刀平面
	#1＝90/2；	三角形外接圆半径 R
	#3＝120；	各边起始角度与终止角度的差值
	#5＝2；	加工深度赋初值
	WHILE［#5LE16］DO1；	加工条件判断
	#2＝90；	第一边起始角度值
	#4＝3；	边数
	G42G00X［#1＊COS［#2］］Y［#1＊SIN［#2］］；	定位至加工点位置
	G01 Z－#5F20；	z 方向进给
	N10 #2＝#2＋#3；	角度递增
	#4＝#4－1；	边数减少
	G03 X［#1＊COS［#2］］Y［#1＊SIN［#2］］R85 F300；	铣削圆弧边
	IF［#4GE1］ GOTO 10；	条件判断语句
	G40 G01 X0 Y56；	取消刀补，多走一刀，避免过切或切不到位
	#5＝#5＋2；	每层切深增加 2mm
	END1；	循环结束
结束	G91 G28 Z0；	刀具在 z 向以增量方式自动返回参考点
	G28 X0 Y0；	刀具在 x 向和 y 向自动返回参考点

	G90；	恢复绝对坐标值编程
结束	M05；	主轴停
	M02；	程序结束

5. 刀具路径及切削验证（图 4.27）

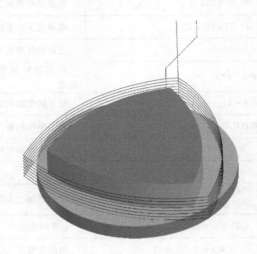

图 4.27　刀具路径及切削验证

十、多层正五边形台阶零件

1. 学习目的

① 思考加工五边形轮廓的起点如何选择。

② 学会对整体宏程序编程加工的方法。

③ 学会刀具补偿编程的方法。

④ 掌握多层加工深度的编程。

⑤ 能迅速构建编程所使用的模型。

视频演示

2. 加工图纸及要求

数控加工如图 4.28 所示的零件，编制其加工的数控程序。

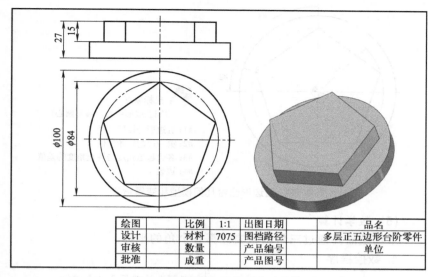

图 4.28　多层正五边形台阶零件

3. 工艺分析和模型

(1) 工艺分析

该零件表面由正五边形台阶组成，零件图尺寸标注完整，符合数控加工尺寸标注要求；轮廓描述清楚完整；零件材料为 7075 铝，切削加工性能较好，无热处理和硬度要求。

(2) 毛坯选择

零件材料为 7075 铝，ϕ100mm×27mm 圆柱。

(3) 刀具选择

刀具号	刀具规格名称	加工内容	刀具特征	备注
T01	ϕ20mm 平底刀	型腔区域	HSS	

(4) 几何模型

此零件加工内容为凸台，凸台由五条相等的直线段围成，且每条线段的终点与起点间的角度差为 72°，同时它的各个顶点均在一直径为 60mm 的圆周上。依据此规律，利用变量编制程序，进行加工。

本例题采用一次性装夹，五边形凸台几何模型和变量含义如图 4.29 所示。

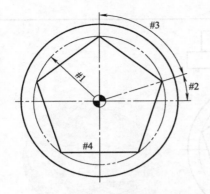

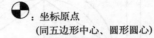：坐标原点
（同五边形中心、圆形圆心）

#1：五边形外接圆半径
#2：第一边起始角度值
#3：各边起始角度与终止角度的差值
#4：边数

图 4.29　五边形凸台几何模型和变量含义

（5）数学计算

本例题需要通过三角函数去计算各个角的坐标。

4. 数控程序

开始	G17 G54 G94；	选择平面、坐标系、分钟进给
	T01 M06；	换 01 号刀
	M03 S2000；	主轴正转、2000r/min
五边形凸台	G00 X72 Y10；	至起点外部的上方
	G00 G43 H01 Z5；	移动至下刀平面
	＃1＝84/2；	五边形外接圆半径
	＃3＝72；	各边起始角度与终止角度的差值
	＃5＝2.5；	加工深度赋初值
	WHILE［＃5LE15］DO1；	加工条件判断
	＃2＝18；	第一边起始角度值
	＃4＝5；	边数
	G42G00X［＃1＊COS［＃2］］Y［＃1＊SIN［＃2］］；	进给至加工点位置
	G01 Z－＃5F20；	z 方向进给
	N10 ＃2＝＃2＋＃3；	角度递增
	＃4＝＃4－1；	边数减少
	G42 G1X［＃1＊COS［＃2］］Y［＃1＊SIN［＃2］］；	铣削边

	IF [#4GE1] GOTO 10；	条件判断语句
五边形凸台	G40 G01 X[#1＊COS[#2]+20]；	取消刀补,多走一刀,避免过切或切不到位
	#5=#5+2.5；	每层切深增加2mm
	END1；	循环结束
结束	G91 G28 Z0；	刀具在z向以增量方式自动返回参考点
	G28 X0 Y0；	刀具在x向和y向自动返回参考点
	G90；	恢复绝对坐标值编程
	M05；	主轴停
	M02；	程序结束

5. 刀具路径及切削验证 (图4.30)

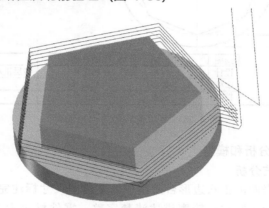

图4.30 刀具路径及切削验证

十一、多层正八边形台阶零件

1. 学习目的

① 思考加工八边形轮廓的起点如何选择。

② 学会对整体宏程序编程加工的方法。

③ 学会刀具补偿编程的方法。

④ 掌握多层加工深度的编程。

⑤ 能迅速构建编程所使用的模型。

视频演示

2. 加工图纸及要求

数控加工如图 4.31 所示的零件，编制其加工的数控程序。

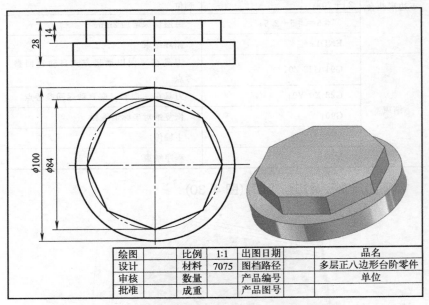

绘图		比例	1:1	出图日期		品名	
设计		材料	7075	图档路径		多层正八边形台阶零件	
审核		数量		产品编号		单位	
批准		成重		产品图号			

图 4.31　多层正八边形台阶零件

3. 工艺分析和模型

(1) 工艺分析

该零件表面由正八边形台阶组成，零件图尺寸标注完整，符合数控加工尺寸标注要求；轮廓描述清楚完整；零件材料为 7075 铝，切削加工性能较好，无热处理和硬度要求。

(2) 毛坯选择

零件材料为 7075 铝，$\phi100\text{mm} \times 28\text{mm}$ 圆柱。

(3) 刀具选择

刀具号	刀具规格名称	加工内容	刀具特征	备注
T01	$\phi20\text{mm}$ 平底刀	型腔区域	HSS	

(4) 几何模型

此零件加工内容为凸台，凸台由八条相等的直线段围成，且每条线段的终点与起点间的角度差为 60°，同时它的各个顶点均在一直径为 60mm 的圆周上。依据此规律，利用变量编制程序，进行加工。刀具选择 φ20mm 平底刀。

本例题采用一次性装夹，八边形凸台几何模型和变量含义如图 4.32 所示。

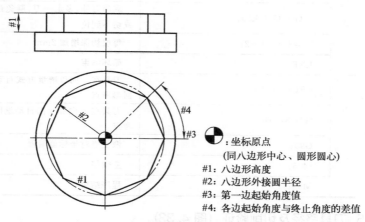

　：坐标原点
　（同八边形中心、圆形圆心）
#1：八边形高度
#2：八边形外接圆半径
#3：第一边起始角度值
#4：各边起始角度与终止角度的差值

图 4.32　八边形凸台几何模型和变量含义

(5) 数学计算

本例题需要通过三角函数去计算各个角的坐标。

4. 数控程序

开始	G17 G54 G94；	选择平面、坐标系、分钟进给
	T01 M06；	换 01 号刀
	M03 S2000；	主轴正转、2000r/min
八边形凸台	#1＝2；	八边形加工深度
	#2＝84/2；	八边形外接圆半径
	#4＝45；	各边起始角度与终止角度的差值
	G00 X65 Y0；	至起点外部的上方
	G00 G43 H01 Z5；	移动至下刀平面
	WHILE［#1LE14］DO1；	加工条件判断
	#3＝0；	第一边起始角度值
	G42G01 X［#2＊COS［#3］］　Y［#2＊SIN［#3］］F200；	进给至加工点位置

	G01 Z−#1 F20;	z 方向进给
	N10 #3＝#3＋#4;	角度值递增
	G01X[#2 * COS[#3]] Y[#2 * SIN[#3]] F300;	铣削边
八边形凸台	IF [#3LT360] GOTO10;	条件判断语句
	G40 G01 X55;	取消刀补,多走一刀,避免过切或切不到位
	#1=#1+2;	每层切深增加 2mm
	END1;	循环结束
结束	G91 G28 Z0;	刀具在 z 向以增量方式自动返回参考点
	G28 X0 Y0;	刀具在 x 向和 y 向自动返回参考点
	G90;	恢复绝对坐标值编程
	M05;	主轴停
	M02;	程序结束

5. 刀具路径及切削验证 (图 4.33)

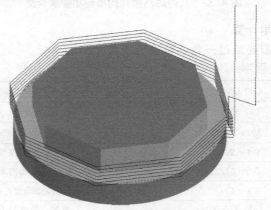

图 4.33　刀具路径及切削验证

十二、椭圆外形零件

1. 学习目的

① 思考加工椭圆轮廓的起点如何选择。

② 学会对整体宏程序编程加工的方法。

③ 学会刀具补偿编程的方法。

④ 掌握多层加工深度的编程。

⑤ 能迅速构建编程所使用的模型。

视频演示

2. 加工图纸及要求

数控加工如图 4.34 所示的零件，编制其加工的数控程序。

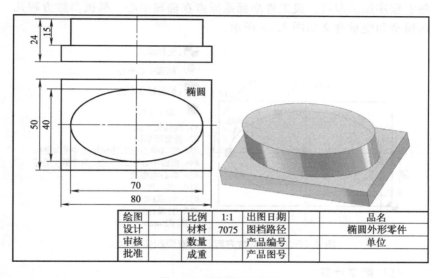

图 4.34　椭圆外形零件

3. 工艺分析和模型

(1) 工艺分析

该零件表面由椭圆台阶组成，零件图尺寸标注完整，符合数控加工尺寸标注要求；轮廓描述清楚完整；零件材料为 7075 铝，切削加工性能较好，无热处理和硬度要求。

(2) 毛坯选择

零件材料为 7075 铝，80mm×50mm×24mm 铝块。

(3) 刀具选择

刀具号	刀具规格名称	加工内容	刀具特征	备注
T01	φ20mm 平底刀	型腔区域	HSS	

（4）几何模型

椭圆参数方程为

$$\begin{cases} x = a\cos t \\ y = b\sin t \end{cases}$$

在数控铣床上通过参数方程编制宏程序加工椭圆可以加工任意角度，即使是完整椭圆也不需要分两次循环编程，直接通过参数方程编制宏程序加工即可。设工件坐标系原点在椭圆中心。椭圆参数方程几何模型和变量含义如图 4.35 所示。

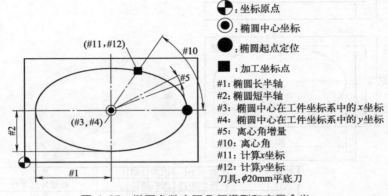

⊕：坐标原点
◉：椭圆中心坐标
●：椭圆起点定位
■：加工坐标点
#1：椭圆长半轴
#2：椭圆短半轴
#3：椭圆中心在工件坐标系中的 x 坐标
#4：椭圆中心在工件坐标系中的 y 坐标
#5：离心角增量
#10：离心角
#11：计算 x 坐标
#12：计算 y 坐标
刀具：φ20mm 平底刀

图 4.35　椭圆参数方程几何模型和变量含义

（5）数学计算

本例题工件尺寸和坐标值明确，可直接进行编程。

4. 数控程序

	G17 G54 G94；	选择平面、坐标系、分钟进给
开始	T01 M06；	换 01 号刀
	M03 S2000；	主轴正转，2000r/min
椭圆凸台	G00 X95 Y25；	定位在正方形起点上方
	G43 Z5 H01；	建立刀具长度补偿
	＃20＝2.5；	加工深度赋初值
	G42 G01 X75 Y25 F300；	刀具右补偿，进给至加工点位置
	WHILE［＃20LE15］DO1；	加工条件判断
	G01 Z－＃20 F20；	下刀到加工平面

椭圆凸台	♯1＝35；	椭圆长半轴赋值
	♯2＝20；	椭圆短半轴赋值
	♯3＝40；	椭圆中心在工件坐标系中的 x 坐标赋值
	♯4＝25；	椭圆中心在工件坐标系中的 y 坐标赋值
	♯5＝1；	离心角增量赋值（离心角增量越小，精度越高）
	♯10＝0；	离心角赋初值
	WHILE[♯10LE360]DO2；	加工条件判断
	♯11＝♯1＊COS［♯10］；	计算 x 坐标值
	♯12＝♯2＊SIN［♯10］；	计算 y 坐标值
	G01 X［♯11＋♯3］Y［♯12＋♯4］F350；	直线拟合椭圆曲线
	♯10＝♯10＋♯5；	离心角递增
	END2；	循环结束
	♯20＝♯20＋2.5；	每层切深增加 2.5mm
	END1；	循环结束
	G00 Z5；	退刀
	G40；	取消刀具补偿
	G49；	取消刀具长度补偿
结束	G91 G28 Z0；	刀具在 z 向以增量方式自动返回参考点
	G28 X0 Y0；	刀具在 x 向和 y 向自动返回参考点
	G90；	恢复绝对坐标值编程
	M05；	主轴停
	M02；	程序结束

5. 刀具路径及切削验证（图 4.36）

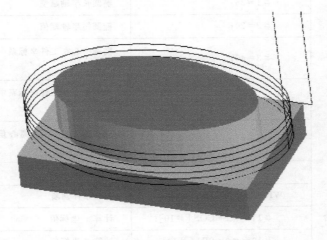

图 4.36　刀具路径及切削验证

十三、椭圆内腔零件

1. 学习目的

① 思考加工椭圆型腔的起点如何选择。

② 学会对整体宏程序编程加工的方法。

③ 学会刀具补偿编程的方法。

④ 掌握多层加工深度的编程。

⑤ 能迅速构建编程所使用的模型。

视频演示

2. 加工图纸及要求

数控加工如图 4.37 所示的零件，编制其加工的数控程序。

3. 工艺分析和模型

（1）工艺分析

该零件表面由椭圆槽组成，零件图尺寸标注完整，符合数控加工尺寸标注要求；轮廓描述清楚完整；零件材料为 7075 铝，切削加工性能较好，无热处理和硬度要求。

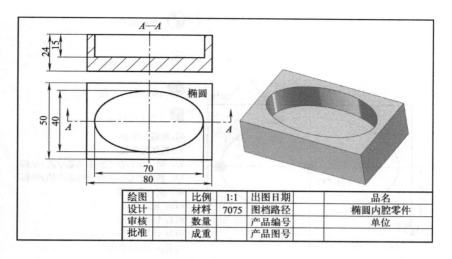

图 4.37 椭圆内腔零件

(2) 毛坯选择

零件材料为 7075 铝，80mm×50mm×24mm 铝块。

(3) 刀具选择

刀具号	刀具规格名称	加工内容	刀具特征	备注
T01	φ20mm 平底刀	型腔区域	HSS	

(4) 几何模型

椭圆参数方程为

$$\begin{cases} x = a\cos t \\ y = b\sin t \end{cases}$$

在数控铣床上通过参数方程编制宏程序加工椭圆可以加工任意角度，即使是完整椭圆也不需要分两次循环编程，直接通过参数方程编制宏程序加工即可。设工件坐标系原点在椭圆中心。椭圆参数方程几何模型和变量含义如图 4.38 所示。

(5) 数学计算

本例题工件尺寸和坐标值明确，可直接进行编程。

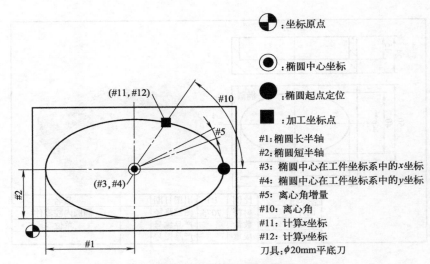

⊕ :坐标原点

◉ :椭圆中心坐标

● :椭圆起点定位

■ :加工坐标点

#1:椭圆长半轴
#2:椭圆短半轴
#3:椭圆中心在工件坐标系中的*x*坐标
#4:椭圆中心在工件坐标系中的*y*坐标
#5:离心角增量
#10:离心角
#11:计算*x*坐标
#12:计算*y*坐标
刀具:ϕ20mm平底刀

图 4.38 椭圆参数方程几何模型和变量含义

4. 数控程序

开始	G17 G54 G94;	选择平面、坐标系、分钟进给
	T01 D01;	换 01 号刀
	M03 S2000;	主轴正转、2000r/min
椭圆槽	G00 X75 Y25;	定位在正方形起点上方
	G43 Z5 H01;	建立刀具长度补偿
	#20=2.5;	加工深度赋初值
	G41 G01 X75 Y25 F300;	刀具左补偿,进给至加工点位置
	WHILE[#20LE15] DO1;	加工条件判断
	G01 Z−#20;	下刀到加工平面
	#1=35;	椭圆长半轴赋值
	#2=20;	椭圆短半轴赋值
	#3=40;	椭圆中心在工件坐标系中的 *x* 坐标赋值
	#4=25;	椭圆中心在工件坐标系中的 *y* 坐标赋值
	#5=1;	离心角增量赋值(离心角增量越小,精度越高)

椭圆槽	＃10＝0；	离心角赋初值
	WHILE［＃10LE360］DO2；	加工条件判断
	＃11＝＃1＊COS［＃10］；	计算 x 坐标值
	＃12＝＃2＊SIN［＃10］；	计算 y 坐标值
	G01 X［＃11＋＃3］Y［＃12＋＃4］F350	直线拟合椭圆曲线
	＃10＝＃10＋＃5；	离心角递增
	END2；	循环结束
	＃20＝＃20＋2.5；	每层切深增加2.5mm
	END1；	循环结束
	G00 Z5；	退刀
	G40；	取消刀具补偿
	G49；	取消刀具长度补偿
结束	G91 G28 Z0；	刀具在 z 向以增量方式自动返回参考点
	G28 X0 Y0；	刀具在 x 向和 y 向自动返回参考点
	G90；	恢复绝对坐标值编程
	M05；	主轴停
	M02；	程序结束

5. 刀具路径及切削验证（图4.39）

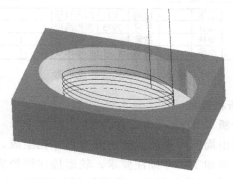

图4.39　刀具路径及切削验证

十四、多孔法兰盘零件

1. 学习目的

① 思考加工圆形孔的起点如何选择。

② 学会对整体宏程序编程加工的方法。

③ 熟练掌握型腔范围的设定。

④ 熟练掌握旋转指令 G68 宏程序编程的方法。

视频演示

⑤ 掌握多层加工深度的编程。

⑥ 能迅速构建编程所使用的模型。

2. 加工图纸及要求

数控加工如图 4.40 所示的零件，编制其加工的数控程序。

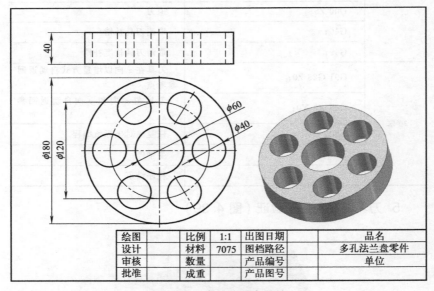

绘图		比例	1:1	出图日期		品名	
设计		材料	7075	图档路径		多孔法兰盘零件	
审核		数量		产品编号		单位	
批准		成重		产品图号			

图 4.40 多孔法兰盘零件

3. 工艺分析和模型

(1) 工艺分析

该零件表面由周围阵列圆孔和中间大尺寸孔组成，零件图尺寸标注完整，符合数控加工尺寸标注要求；轮廓描述清楚完整；零件材料为 7075 铝，切削加工性能较好，无热处理和硬度要求。

（2）毛坯选择

零件材料为7075铝，$\phi180\text{mm}\times40\text{mm}$圆柱。

（3）刀具选择

刀具号	刀具规格名称	加工内容	刀具特征	备注
T01	$\phi10\text{mm}$平底刀	型腔区域	HSS	

（4）几何模型

本例题采用一次性装夹，圆形型腔几何模型和变量含义如图4.41所示。

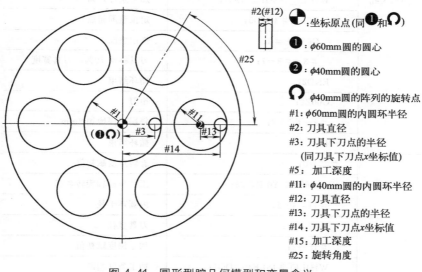

:坐标原点(同❶和Ω)

❶：$\phi60\text{mm}$圆的圆心

❷：$\phi40\text{mm}$圆的圆心

Ω：$\phi40\text{mm}$圆的阵列的旋转点

#1：$\phi60\text{mm}$圆的内圆环半径

#2：刀具直径

#3：刀具下刀点的半径
　　（同刀具下刀点x坐标值）

#5：加工深度

#11：$\phi40\text{mm}$圆的内圆环半径

#12：刀具直径

#13：刀具下刀点的半径

#14：刀具下刀点x坐标值

#15：加工深度

#25：旋转角度

图4.41　圆形型腔几何模型和变量含义

（5）数学计算

本例题工件尺寸和坐标值明确，可直接进行编程。

4. 数控程序

	G17 G54 G94；	选择平面、坐标系、分钟进给
开始	T01 M06；	换01号刀
	M03 S2000；	主轴正转、2000r/min
圆形大孔	G00 X0 Y0；	取合适位置，定位在工件上方
	G43 H01 Z10；	设定长度补偿，z向初始点高度

	#1=60/2;	内圆环半径
	#2=10;	刀具直径
	#5=2;	加工深度赋初值
	WHILE[#5LE40] DO1;	加工条件判断
	#3=#1-#2/2;	初始的刀具下刀点 x 赋初值
	G00 X#3 Y0;	定位在圆弧右侧
	G01 Z-#5 F80;	下刀
圆形大孔	WHILE[#3GE0] DO2;	加工条件判断
	G01 X#3 F300;	定位整圆起点
	G02 I-#3;	铣削整圆
	#3=#3-7;	刀具移动 70% 的刀具宽度
	END2;	循环结束
	G00Z2;	抬刀
	#5=#5+2;	每层切深增加 2mm
	END1;	循环结束
	#25=0;	旋转角度赋初值
	N10 G68 X0 Y0 R#25;	工件坐标轴旋转 #25
	#11=40/2;	内圆环半径
	#12=10;	刀具直径
	#15=2;	加工深度赋初值
	WHILE[#15LE40] DO1;	加工条件判断
阵列孔	#13=#11-#12/2;	初始的刀具下刀点的半径
	#14=#13+60;	初始的刀具下刀点 x 赋初值
	G00 X#14 Y0;	定位在小圆弧右侧
	G01 Z-#15 F80;	下刀
	WHILE[#13GE0] DO2;	加工条件判断
	#14=#13+60;	中间的刀具下刀点 x 赋初值
	G01 X#14 F300;	定位整圆起点
	G02 I-#13;	铣削整圆

	#13=#13-7;	刀具移动70%的刀具宽度
	END2;	循环结束
	G00Z2;	抬刀
	#15=#15+2;	每层切深增加2mm
	END1;	循环结束
阵列孔	#25=#25+360/6;	坐标轴旋转角度均值递增（360/6）°
	IF[#25LT360] GOTO 10;	如果坐标轴旋转角度#25<360°,则程序跳转到N10程序段
	G69;	取消坐标轴旋转
	G00 Z10;	抬刀至安全平面处
	G49;	取消刀具长度补偿
结束	G91 G28 Z0;	刀具在z向以增量方式自动返回参考点
	G28 X0 Y0;	刀具在x向和y向自动返回参考点
	G90;	恢复绝对坐标值编程
	M05;	主轴停
	M02;	程序结束

5. 刀具路径及切削验证（图4.42）

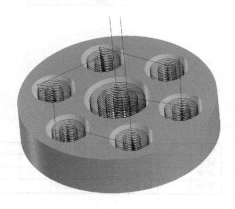

图4.42 刀具路径及切削验证

十五、鼓形台阶零件

1. 学习目的

① 思考加工鼓形轮廓的起点如何选择。

② 学会对整体宏程序编程加工的方法。

③ 学会刀具补偿编程的方法。

④ 掌握多层加工深度的编程。

⑤ 能迅速构建编程所使用的模型。

视频演示

2. 加工图纸及要求

数控加工如图 4.43 所示的零件，编制其加工的数控程序。

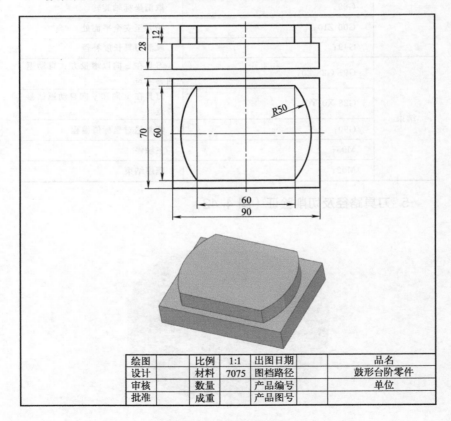

绘图		比例	1:1	出图日期		品名	
设计		材料	7075	图档路径		鼓形台阶零件	
审核		数量		产品编号		单位	
批准		成重		产品图号			

图 4.43 鼓形台阶零件

3. 工艺分析和模型

(1) 工艺分析

该零件表面由鼓形的台阶组成，零件图尺寸标注完整，符合数控加工尺寸标注要求；轮廓描述清楚完整；零件材料为 7075 铝，切削加工性能较好，无热处理和硬度要求。

(2) 毛坯选择

零件材料为 7075 铝，90mm×70mm×28mm 铝块。

(3) 刀具选择

刀具号	刀具规格名称	加工内容	刀具特征	备注
T01	ϕ20mm 平底刀	型腔区域	HSS	

(4) 几何模型

本例题采用一次性装夹，几何模型和编程路径示意图如图 4.44 所示。

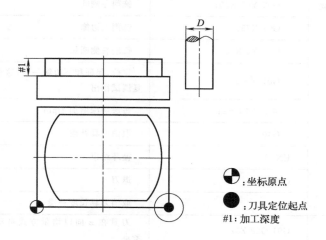

图 4.44 几何模型和编程路径示意图

(5) 数学计算

本例题工件尺寸和坐标值明确，可直接进行编程。

4. 数控程序

开始	G17 G54 G94;	选择平面、坐标系、分钟进给
	T01 D01;	换 01 号刀
	M03 S2000;	主轴正转、2000r/min
凸台区域	G00 X90 Y0;	定位在右下角起点上方
	Y-5;	保证刀路和补偿后在一条直线上,这里需要反复调试得出
	G43 Z5 H01;	建立刀具长度补偿
	#1=2;	加工深度赋初值
	WHILE[#1LE12] DO1;	加工条件判断
	G01 Z-#1 F20;	下刀到加工平面
	G41 G01 X75 Y5 F300;	刀具左进给至下边缘右下角起点处
	X15;	铣削下边缘
	G02 Y65 R50;	铣削左侧圆弧
	G01 X75;	铣削上边缘
	G02 Y5 R50;	铣削右侧圆弧
	G01 Y-5;	定位,保证和下边缘一致,这里需要反复调试得出
	#1=#1+2;	每层切深增加 2mm
	G40;	取消刀具补偿
	END1;	循环结束
	G00 Z5;	退刀
	G49;	取消刀具长度补偿
结束	G91 G28 Z0;	刀具在 z 向以增量方式自动返回参考点
	G28 X0 Y0;	刀具在 x 向和 y 向自动返回参考点
	G90;	恢复绝对坐标值编程
	M05;	主轴停
	M02;	程序结束

5. 刀具路径及切削验证 (图 4.45)

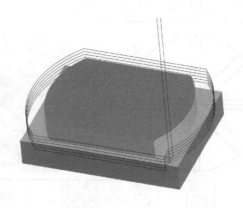

图 4.45　刀具路径及切削验证

十六、深槽流道零件轴

1. 学习目的

① 思考加工直线的起点如何选择。

② 学会对整体宏程序编程加工的方法。

③ 熟练掌握直槽范围的设定。

④ 熟练掌握旋转指令 G68 宏程序编程的方法。

⑤ 掌握多层加工深度的编程。

⑥ 能迅速构建编程所使用的模型。

视频演示

2. 加工图纸及要求

数控加工如图 4.46 所示的零件，编制其加工的数控程序。

3. 工艺分析和模型

(1) 工艺分析

该零件表面由多个等角度的直槽组成，零件图尺寸标注完整，符合数控加工尺寸标注要求；轮廓描述清楚完整；零件材料为 7075 铝，切削加工性能较好，无热处理和硬度要求。

(2) 毛坯选择

零件材料为 7075 铝，$\phi100mm \times 24mm$ 圆柱。

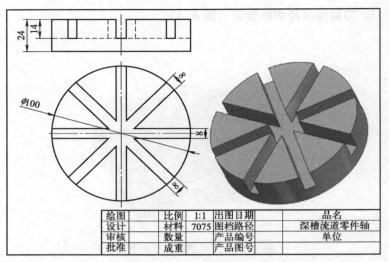

图 4.46 深槽流道零件轴

(3) 刀具选择

刀具号	刀具规格名称	加工内容	刀具特征	备注
T01	φ8mm 平底刀	型腔区域	HSS	

(4) 几何模型

本例题采用一次性装夹,几何模型和编程路径示意图如图 4.47 所示。

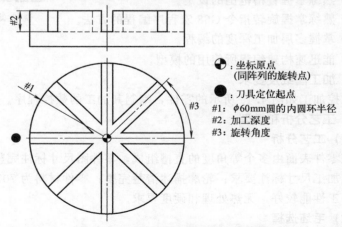

⬤◗ : 坐标原点
（同阵列的旋转点）

⬤ : 刀具定位起点

#1: φ60mm圆的内圆环半径
#2: 加工深度
#3: 旋转角度

图 4.47 几何模型和编程路径示意图

(5) 数学计算

本例题工件尺寸和坐标值明确，可直接进行编程。

4. 数控程序

开始	G17 G54 G94；	选择平面、坐标系、分钟进给
	T01 M06；	换 01 号刀
	M03 S2000；	主轴正转、2000r/min
等角度直槽	G00 X−50 Y0；	取合适位置，定位在工件上方
	G43 H01 Z10；	设定长度补偿，z 向初始点高度
	#3=0；	旋转角度赋初值
	N10 G68 X0 Y0 R#3；	工件坐标轴旋转#3
	#1=100/2；	内圆环半径
	#2=2；	加工深度赋初值
	WHILE[#2LE14] DO1；	加工条件判断
	G00 X[−#1−12] Y0；	定位在圆弧左外侧
	G00 Z−#2；	下刀到加工平面
	G01 X[#1+12] F300；	向右走刀
	G00 Z 2；	下刀到加工平面
	#2=#2+2；	每层切深增加 2mm
	END1；	循环结束
	#3= #3+360/3；	坐标轴旋转角度均值递增(360/3)°
	IF [#3LT360] GOTO 10；	如果坐标轴旋转角度#3＜360°，则程序跳转到 N10 程序段
	G69；	取消坐标轴旋转
	G00 Z10；	抬刀至安全平面处
	G49；	取消刀具长度补偿
结束	G91 G28 Z0；	刀具在 z 向以增量方式自动返回参考点
	G28 X0 Y0；	刀具在 x 向和 y 向自动返回参考点
	G90；	恢复绝对坐标值编程
	M05；	主轴停
	M02；	程序结束

5. 刀具路径及切削验证（图4.48）

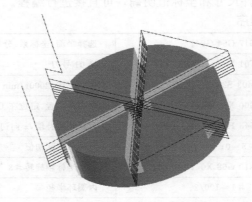

图4.48 刀具路径及切削验证

十七、复合圆弧台阶零件

1. 学习目的

① 思考加工1/4圆形槽的起点如何选择。

② 学会对整体宏程序编程加工的方法。

③ 熟练掌握槽范围的设定。

④ 熟练掌握旋转指令G68宏程序编程的方法。

⑤ 掌握多层加工深度的编程。

⑥ 能迅速构建编程所使用的模型。

视频演示

2. 加工图纸及要求

数控加工如图4.49所示的零件，编制其加工的数控程序。

3. 工艺分析和模型

(1) 工艺分析

该零件表面由4个等角度分布的圆弧台阶组成，零件图尺寸标注完整，符合数控加工尺寸标注要求；轮廓描述清楚完整；零件材料为7075铝，切削加工性能较好，无热处理和硬度要求。

(2) 毛坯选择

零件材料为7075铝，100mm×100mm×24mm铝块。

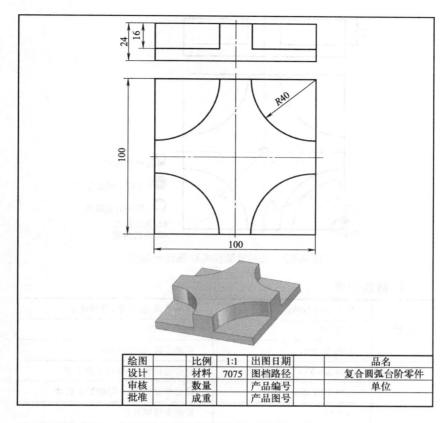

图 4.49　复合圆弧台阶零件

（3）刀具选择

刀具号	刀具规格名称	加工内容	刀具特征	备注
T01	φ20mm 平底刀	型腔区域	HSS	

（4）几何模型

本例题采用一次性装夹，几何模型和编程路径示意图如图 4.50 所示。

（5）数学计算

本例题工件尺寸和坐标值明确，可直接进行编程。

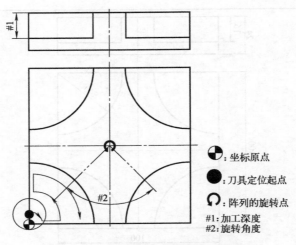

图 4.50　几何模型和编程路径示意图

○：坐标原点

●：刀具定位起点

○：阵列的旋转点

#1：加工深度
#2：旋转角度

4. 数控程序

开始	G17 G54 G94；	选择平面、坐标系、分钟进给
	T01 M06；	换 01 号刀
	M03 S2000；	主轴正转、2000r/min
4 个圆弧台阶	G00 X0 Y7；	取合适位置，定位在工件上方
	G43 H01 Z5；	设定长度补偿，z 向初始点高度
	#2＝0；	旋转角度赋初值
	N10 G68 X50 Y50 R#2；	工件坐标轴旋转#2
	#1＝2；	加工深度赋初值
	WHILE[#1LE16] DO1；	加工条件判断
	G00 X0 Y7；	定位小圆弧起点
	G01 Z－#1 F20；	下刀到加工平面
	G02 X7 Y0 R7 F300；	铣削小圆弧
	G01 X14；	进给至中圆弧起点
	G03 X0 Y14 R14；	铣削中圆弧
	G01 Y30；	进给至大圆弧起点
	G02 X30 Y0 R30；	铣削大圆弧

	G00 Z2;	抬刀
	#1＝#1＋2;	每层切深增加 2mm
	G40;	取消刀具补偿
	END1;	循环结束
4 个圆弧台阶	#2＝#2＋360/4;	坐标轴旋转角度均值递增（360/4）°
	IF［#2LT360］GOTO 10;	如果坐标轴旋转角度#2＜360°,则程序跳转到 N10 程序段
	G69;	取消坐标轴旋转
	G00 Z10;	抬刀至安全平面处
	G49;	取消刀具长度补偿
结束	G91 G28 Z0;	刀具在 z 向以增量方式自动返回参考点
	G28 X0 Y0;	刀具在 x 向和 y 向自动返回参考点
	G90;	恢复绝对坐标值编程
	M05;	主轴停
	M02;	程序结束

5. 刀具路径及切削验证（图 4.51）

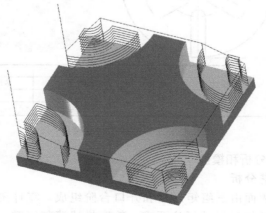

图 4.51　刀具路径及切削验证

十八、多形状定位盘零件

1. 学习目的

① 思考加工圆角矩形槽和开口槽的起点如何选择。

② 学会对整体宏程序编程加工的方法。

③ 熟练掌握加工范围的设定。

④ 学会刀具补偿编程的方法。

⑤ 熟练掌握旋转指令 G68 宏程序编程的方法。

⑥ 掌握多层加工深度的编程。

⑦ 能迅速构建编程所使用的模型。

视频演示

2. 加工图纸及要求

数控加工如图 4.52 所示的零件，编制其加工的数控程序。

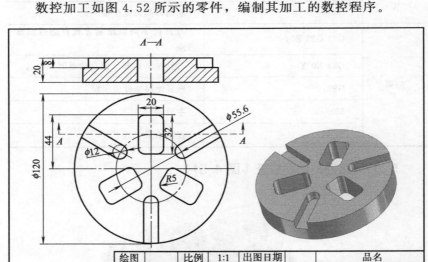

绘图		比例	1:1	出图日期		品名	
设计		材料	7075	图档路径		多形状定位盘零件	
审核		数量		产品编号		单位	
批准		成重		产品图号			

图 4.52　多形状定位盘零件

3. 工艺分析和模型

(1) 工艺分析

该零件表面由三组矩形槽和开口台阶组成，零件图尺寸标注完整，符合数控加工尺寸标注要求；轮廓描述清楚完整；零件材料为

7075 铝，切削加工性能较好，无热处理和硬度要求。

（2）毛坯选择

零件材料为 7075 铝，ϕ120mm×20mm 圆柱。

（3）刀具选择

刀具号	刀具规格名称	加工内容	刀具特征	备注
T01	ϕ10mm 平底刀	型腔区域	HSS	

（4）几何模型

本例题采用一次性装夹，几何模型和编程路径示意图如图 4.53 所示。

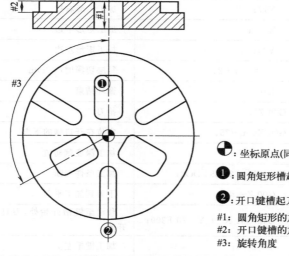

图 4.53　几何模型和编程路径示意图

（5）数学计算

本例题工件尺寸和坐标值明确，可直接进行编程。

4. 数控程序

	G17 G54 G94；	选择平面、坐标系、分钟进给
开始	T01 M06；	换 01 号刀
	M03 S2000；	主轴正转、2000r/min

	G00 X-5 Y39;	初始定位
	G43 H01 Z5;	设定长度补偿,z向初始点高度
	#3=0;	旋转角度赋初值
	N10 G68 X0 Y0 R#3;	工件坐标轴旋转#3
	#1=2;	加工深度赋初值
	WHILE[#1LE20] DO1;	加工条件判断
上方圆角矩形	G00 X-5 Y39;	定位在圆角矩形左上角
	G01 Z-#1 F80;	下刀到加工平面
	G01 X5 F300;	加工矩形上边
	Y17;	加工矩形右边
	X-5;	加工矩形下边
	Y39;	加工矩形左边
	#1=#1+2;	每层切深增加2mm
	END1;	循环结束
	G00 Z2;	抬刀
	G00 X0 Y-75;	定位在开口槽的下方
	#2=2;	加工深度赋初值
	WHILE[#2LE8] DO2;	加工条件判断
	G00 Z-#2;	下刀到加工平面
	G42 G01 X-6 Y-70 F300;	移动至键槽开始处,刀具右补偿开始
	Y-27.8;	加工键槽左侧
下方开口键槽	G02 X6 R6;	加工键槽顶部圆弧
	G01 Y-70;	加工键槽右侧
	X1;	x向返回中间
	#2=#2+2;	每层切深增加2mm
	G40;	取消刀具补偿
	END2;	循环结束
	G00 Z2;	抬刀
	#3=#3+360/3;	坐标轴旋转角度均值递增(360/3)°

	IF［＃3LT360］GOTO 10；	如果坐标轴旋转角度＃3＜360°，则程序跳转到 N10 程序段
下方开口键槽	G69；	取消坐标轴旋转
	G00 Z10；	抬刀至安全平面处
	G49；	取消刀具长度补偿
结束	G91 G28 Z0；	刀具在 z 向以增量方式自动返回参考点
	G28 X0 Y0；	刀具在 x 向和 y 向自动返回参考点
	G90；	恢复绝对坐标值编程
	M05；	主轴停
	M02；	程序结束

5. 刀具路径及切削验证（图 4.54）

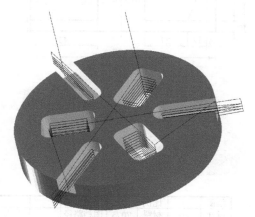

图 4.54　刀具路径及切削验证

十九、复合轮廓台阶零件

1. 学习目的
① 思考加工复合轮廓的起点如何选择。
② 学会对整体宏程序编程加工的方法。
③ 学会刀具补偿编程的方法。

视频演示

④ 熟练掌握局部椭圆的宏程序编程的方法。

⑤ 掌握多层加工深度的编程。

⑥ 能迅速构建编程所使用的模型。

2. 加工图纸及要求

数控加工如图 4.55 所示的零件，编制其加工的数控程序。

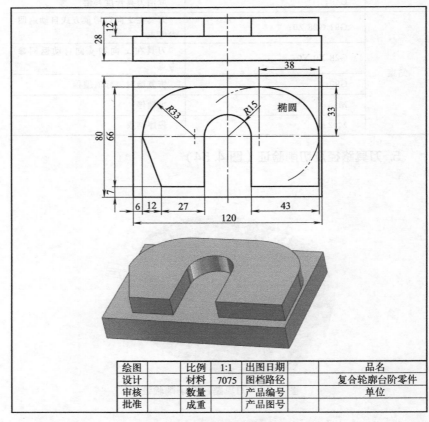

绘图		比例	1:1	出图日期		品名	
设计		材料	7075	图档路径		复合轮廓台阶零件	
审核		数量		产品编号		单位	
批准		成重		产品图号			

图 4.55 复合轮廓台阶零件

3. 工艺分析和模型

(1) 工艺分析

该零件表面由多形状轮廓的台阶组成，零件图尺寸标注完整，符合数控加工尺寸标注要求；轮廓描述清楚完整；零件材料为 7075 铝，切削加工性能较好，无热处理和硬度要求。

（2）毛坯选择

零件材料为 7075 铝，120mm×80mm×28mm 铝块。

（3）刀具选择

刀具号	刀具规格名称	加工内容	刀具特征	备注
T01	φ20mm 平底刀	型腔区域	HSS	

（4）几何模型

本例题采用一次性装夹，几何模型和编程路径示意图如图 4.56 所示。

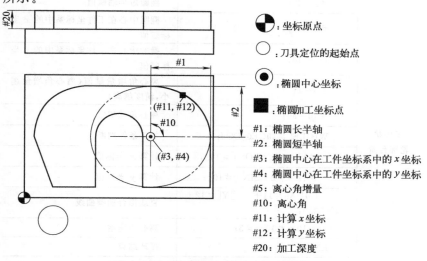

：坐标原点

：刀具定位的起始点

：椭圆中心坐标

：椭圆加工坐标点

#1：椭圆长半轴

#2：椭圆短半轴

#3：椭圆中心在工件坐标系中的 x 坐标

#4：椭圆中心在工件坐标系中的 y 坐标

#5：离心角增量

#10：离心角

#11：计算 x 坐标

#12：计算 y 坐标

#20：加工深度

图 4.56　几何模型和编程路径示意图

（5）数学计算

本例题工件尺寸和坐标值明确，可直接进行编程。

4. 数控程序

开始	G17 G54 G94；	选择平面、坐标系、分钟进给
	T01 D01；	换 01 号刀
	M03 S2000；	主轴正转、2000r/min
多形状 轮廓台阶	G00 X18 Y−25；	定位在正方形起点上方
	G43 Z5 H01；	建立刀具长度补偿

	#20＝2;	加工深度赋初值
	WHILE[#20LE12] DO1;	加工条件判断
	G00 Z－#20;	下刀到加工平面
	G41 G01 X18 Y7 F300;	进给至加工点位置,刀具左补偿开始
	X6 Y40;	加工斜线
	G02 X39 Y73 R33;	加工 R33mm 圆弧
	G01 X80;	加工上边缘
	#1＝38;	椭圆长半轴赋值
	#2＝33;	椭圆短半轴赋值
	#3＝80;	椭圆中心在工件坐标系中的 x 坐标赋值
	#4＝40;	椭圆中心在工件坐标系中的 y 坐标赋值
	#5＝1;	离心角增量赋值(离心角增量越小,精度越高)
	#10＝90;	离心角赋初值
多形状轮廓台阶	WHILE[#10GE0]DO2;	加工条件判断
	#11＝#1 * COS [#10];	计算 x 坐标值
	#12＝#2 * SIN [#10];	计算 y 坐标值
	G01 X[#11＋#3]Y[#12＋#4] F350;	直线拟合椭圆曲线
	#10＝#10－#5;	离心角递增
	END2;	循环结束
	G01 Y7;	加工右边缘
	X75;	加工下边缘的右半部分
	Y40;	加工开口槽右侧
	G03 X45 R15;	加工开口槽圆弧
	G01 Y7;	加工开口槽左侧
	X18;	加工下边缘的左半部分
	G40;	取消刀具补偿
	#20＝#20＋2;	每层切深增加 2mm
	END1;	循环结束
	G00 Z2;	抬刀

	G00 X0Y80；	定位在左上角
残余区域	G01 Z−12 F50；	铣削剩余的角落区域
	G00 Z2；	抬刀
	G00 X120Y80；	定位在右上角
	G01 Z−12 F50；	铣削剩余的角落区域
	G00 Z2；	抬刀
	G49；	取消刀具长度补偿
结束	G91 G28 Z0；	刀具在 z 向以增量方式自动返回参考点
	G28 X0 Y0；	刀具在 x 向和 y 向自动返回参考点
	G90；	恢复绝对坐标值编程
	M05；	主轴停
	M02；	程序结束

5. 刀具路径及切削验证 (图 4.57)

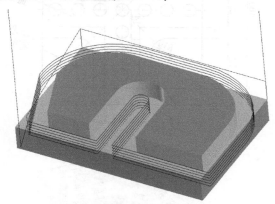

图 4.57　刀具路径及切削验证

二十、复合型腔配合模块零件

1. 学习目的

① 思考加工规律的型腔和孔的起点定位。

② 学会对整体宏程序编程加工的方法。

③ 熟练掌握加工范围的设定。

视频演示

④ 注意刀具的选择对编程的影响。

⑤ 熟练掌握旋转指令 G68 宏程序编程的方法。

⑥ 掌握多层加工深度的编程。

⑦ 能迅速构建编程所使用的模型。

2. 加工图纸及要求

数控加工如图 4.58 所示的零件，编制其加工的数控程序。

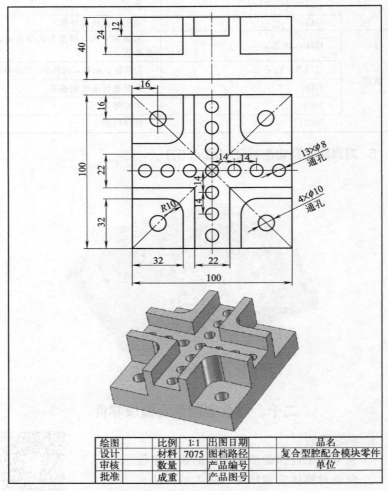

绘图		比例	1:1	出图日期		品名
设计		材料	7075	图档路径		复合型腔配合模块零件
审核		数量		产品编号		单位
批准		成重		产品图号		

图 4.58　复合型腔配合模块零件

3. 工艺分析和模型

(1) 工艺分析

该零件表面由多形状的型腔台阶组成，零件图尺寸标注完整，符合数控加工尺寸标注要求；轮廓描述清楚完整；零件材料为 7075 铝，切削加工性能较好，无热处理和硬度要求。

(2) 毛坯选择

零件材料为 7075 铝，100mm×100mm×40mm 铝块。

(3) 刀具选择

刀具号	刀具规格名称	加工内容	刀具特征	备注
T01	ϕ20mm 平底刀	型腔区域	HSS	
T02	ϕ8mm 钻头	钻阵列孔	HSS	
T03	ϕ10mm 钻头	钻四个角的孔	HSS	

(4) 几何模型

本例题加工四个角的区域应特别注意，走一个正方形，会有一部分区域铣削，必须回退一点点，见图 4.59、图 4.60。

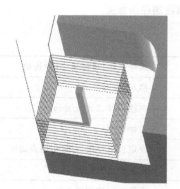

图 4.59 正方形刀具路径

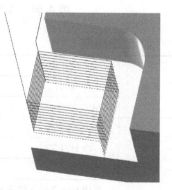

图 4.60 优化后的刀具路径

本例题采用一次性装夹，几何模型和编程路径示意图如图 4.61 所示。

(5) 数学计算

本例题工件尺寸和坐标值明确，可直接进行编程。

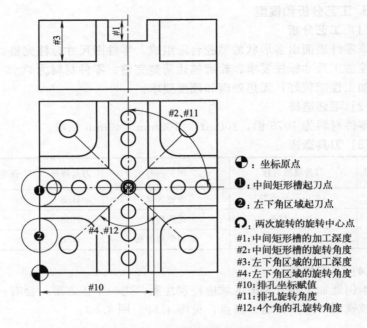

图 4.61 几何模型和编程路径示意图

**: 坐标原点
**: 中间矩形槽起刀点
**: 左下角区域起刀点
**: 两次旋转的旋转中心点
#1: 中间矩形槽的加工深度
#2: 中间矩形槽的旋转角度
#3: 左下角区域的加工深度
#4: 左下角区域的旋转角度
#10: 排孔坐标赋值
#11: 排孔旋转角度
#12: 4个角的孔旋转角度

4. 数控程序

开始	G17 G54 G94;	选择平面、坐标系、分钟进给
	T01 M06;	换 01 号刀
	M03 S2000;	主轴正转,2000r/min
十字型腔	G00 X0 Y49;	初始定位
	G43 H01 Z5;	设定长度补偿,z 向初始点高度
	#2=0;	旋转角度赋初值
	N10 G68 X50 Y50 R#2;	工件坐标轴旋转#2
	#1=2;	加工深度赋初值
	WHILE[#1LE12] DO1;	加工条件判断
	G01 X0 Y49 F300;	定位在圆角矩形左上角
	G01 Z-#1 F80;	下刀到加工平面
	G01 X100 F300;	加工矩形上边

	Y51；	加工矩形右边
	X0；	加工矩形下边
	#1＝#1＋2；	每层切深增加2mm
	END1；	循环结束
十字型腔	G00 Z2；	抬刀
	#2＝#2＋90；	坐标轴旋转角度均值递增90°
	IF［#2LE90］GOTO 10；	如果坐标轴旋转角度#2≤90°，则程序跳转到N10程序段
	G69；	取消坐标轴旋转
	#4＝0；	旋转角度赋初值
	N20 G68 X50 Y50 R#4；	工件坐标轴旋转#4
	#3＝2；	加工深度赋初值
	WHILE［#3LE24］DO1；	加工条件判断
	G01 X0 Y22 F300；	定位在圆角矩形左上角
	G01 Z－#3 F80；	下刀到加工平面
	G01X22 F300；	加工矩形上边
	Y0；	加工矩形右边
	Y5；	往回走5mm，避免中间的小区域铣削不到
4个台阶	X0；	加工矩形下边
	#3＝#3＋2；	每层切深增加2mm
	END1；	循环结束
	G00 Z2；	抬刀
	#4＝#4＋90；	坐标轴旋转角度均值递增90°
	IF［#4LT360］GOTO 20；	如果坐标轴旋转角度#4＜360°，则程序跳转到N20程序段
	G69；	取消坐标轴旋转
	G00 Z5；	抬刀至安全平面处
	G49；	取消刀具长度补偿
	G00 Z100；	抬刀

	T02 M06;	换 02 号 φ8mm 钻头
	#11＝0;	旋转角度赋初值
	N30 G68 X50 Y50 R#11;	工件坐标轴旋转#11
	#10＝50＋14;	孔坐标赋初值
	N40 G00 X#10 Y50;	定位第 1 个孔上方
	Z－9;	快速下刀
	G01 Z－42 F20;	钻孔
	Z－9 F500;	退出孔
	#10＝#10＋14;	计算 x 方向孔加工位置
十字形分	IF［#10LE92］GOTO 40;	条件判定语句
布的孔	G00 Z2;	抬刀
	#11＝#11＋90;	坐标轴旋转角度均值递增 90°
	IF［#11 LT360］GOTO 30;	如果坐标轴旋转角度#11＜360°,则程序跳转到 N30 程序段
	G69;	取消坐标轴旋转
	G00 X50 Y50;	定位中间的孔上方
	Z－9;	快速下刀
	G01 Z－42 F20;	钻孔
	Z－9F500;	退出孔
	G00 Z100;	抬刀
	T03 M06;	换 03 号 φ10mm 钻头
	#12＝0;	旋转角度赋初值
	N50 G68 X50 Y50 R#12;	工件坐标轴旋转#12
	G00 X16 Y16;	定位第 1 个孔上方
4 个角的孔	Z－21;	快速下刀
	G01 Z－42 F20;	钻孔
	Z－21 F500;	退出孔
	G00 Z2;	抬刀,此步非常重要
	#12＝#12＋90;	坐标轴旋转角度均值递增 90°

4个角的孔	IF［♯12LT360］GOTO 50；	如果坐标轴旋转角度♯12＜360°,则程序跳转到N50程序段
	G69；	取消坐标轴旋转
结束	G91 G28 Z0；	刀具在z向以增量方式自动返回参考点
	G28 X0 Y0；	刀具在x向和y向自动返回参考点
	G90；	恢复绝对坐标值编程
	M05；	主轴停
	M02；	程序结束

5. 刀具路径及切削验证 (图 4.62)

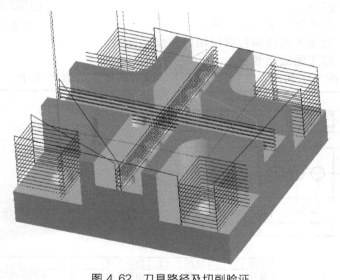

图 4.62　刀具路径及切削验证

第五章
孔类综合加工

一、等距排孔零件

1. 学习目的

① 熟练掌握等距排孔宏程序递变的规律。

② 学会第一孔中心坐标值、轴线角度、孔间距、孔数的变量设置。

视频演示

③ 熟练掌握钻孔的循环。

④ 能迅速构建编程所使用的模型。

2. 加工图纸及要求

数控加工如图 5.1 所示的零件，编制其加工的数控程序。

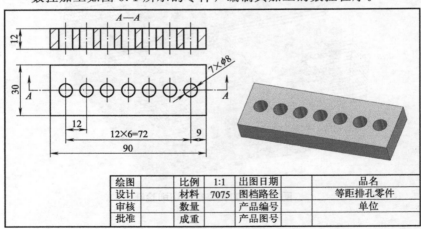

绘图		比例	1:1	出图日期		品名	
设计		材料	7075	图档路径		等距排孔零件	
审核		数量		产品编号		单位	
批准		成重		产品图号			

图 5.1 等距排孔零件

3. 工艺分析和模型

(1) 工艺分析

该零件表面由等距分布的阵列孔组成，零件图尺寸标注完整，符合数控加工尺寸标注要求；轮廓描述清楚完整；零件材料为 7075 铝，切削加工性能较好，无热处理和硬度要求。

（2）毛坯选择

零件材料为 7075 铝，90mm×30mm×12mm 铝块。

（3）刀具选择

刀具号	刀具规格名称	加工内容	刀具特征	备注
T01	ϕ8mm 钻头	钻孔	HSS	

（4）几何模型

本例题采用一次性装夹，几何模型和编程路径示意图如图 5.2 所示。

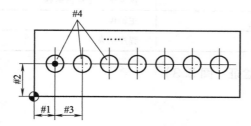

●：坐标原点

●：排孔的起点

#1：第一孔中心的 x 坐标值
#2：第一孔中心的 y 坐标值
#3：孔的间距
#4：孔的个数

图 5.2　几何模型和编程路径示意图

（5）数学计算

本例题工件尺寸和坐标值明确，可直接进行编程。

4. 数控程序

开始	G17 G54 G94；	选择平面、坐标系、分钟进给
	T01 M06；	换 01 号刀
	M03 S2000；	主轴正转，2000r/min
等距排孔	G00 X0 Y0；	取合适位置,定位在工件上方
	G43 H01 Z10；	设定长度补偿，z 向初始点高度
	＃1＝9；	第一孔中心的 x 坐标值
	＃2＝15；	第一孔中心的 y 坐标值
	＃3＝12；	孔间距
	＃4＝7；	孔数
	N100 G81 X＃1 Y＃2 Z－14 R5 F40；	孔加工循环

	#1=#1+#3；	计算 x 方向孔加工位置
等距排孔	#4=#4-1；	计算孔数
	IF[#4GE1] GOTO 100；	条件判定语句
	G80；	取消固定循环
	G49；	取消刀具长度补偿
结束	G91 G28 Z0；	刀具在 z 向以增量方式自动返回参考点
	G28 X0 Y0；	刀具在 x 向和 y 向自动返回参考点
	G90；	恢复绝对坐标值编程
	M05；	主轴停
	M02；	程序结束

5. 刀具路径及切削验证（图 5.3）

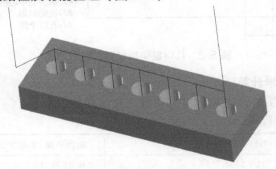

图 5.3　刀具路径及切削验证

二、斜排孔零件

1. 学习目的

① 熟练掌握斜排孔宏程序递变的规律。

② 学会第一孔中心坐标值、轴线角度、孔间距、孔数的变量设置。

③ 熟练掌握钻孔的循环。

④ 能迅速构建编程所使用的模型。

视频演示

2. 加工图纸及要求

数控加工如图 5.4 所示的零件，编制其加工的数控程序。

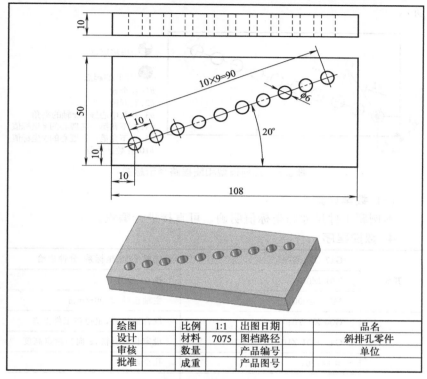

绘图		比例	1:1	出图日期		品名	
设计		材料	7075	图档路径		斜排孔零件	
审核		数量		产品编号		单位	
批准		成重		产品图号			

图 5.4　斜排孔零件

3. 工艺分析和模型

(1) 工艺分析

该零件表面由斜向等距分布的阵列孔组成，零件图尺寸标注完整，符合数控加工尺寸标注要求；轮廓描述清楚完整；零件材料为7075 铝，切削加工性能较好，无热处理和硬度要求。

(2) 毛坯选择

零件材料为 7075 铝，108mm×50mm×10mm 铝块。

(3) 刀具选择

刀具号	刀具规格名称	加工内容	刀具特征	备注
T01	φ6mm 钻头	钻孔	HSS	

(4) 几何模型

本例题采用一次性装夹，几何模型和编程路径示意图如图5.5所示。

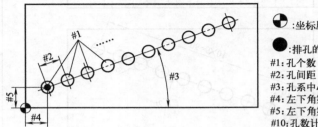

:坐标原点

:排孔的起点
#1: 孔个数
#2: 孔间距
#3: 孔系中心线与 x 轴的夹角
#4: 左下角第一孔圆心的 x 坐标值
#5: 左下角第一孔圆心的 y 坐标值
#10: 孔数计数器

图5.5　几何模型和编程路径示意图

(5) 数学计算

本例题工件尺寸和坐标值明确，可直接进行编程。

4. 数控程序

开始	G17 G54 G94；	选择平面、坐标系、分钟进给
	T01 M06；	换 01 号刀
	M03 S2000；	主轴正转、2000r/min
斜排孔	G00 X0 Y0；	取合适位置，定位在工件上方
	G43 H01 Z10；	设定长度补偿，z 向初始点高度
	＃1＝10；	孔个数
	＃2＝10；	孔间距
	＃3＝20；	孔系中心线与 x 轴的夹角
	＃4＝10；	左下角第一孔圆心的 x 坐标值
	＃5＝10；	左下角第一孔圆心的 y 坐标值
	＃10＝1；	孔数计数器赋初值
	WHILE［＃10LE＃1］DO1；	加工条件判断
	＃11＝［＃10－1］＊＃2＊COS［＃3］＋＃4；	计算孔的 x 坐标值
	＃12＝［＃10－1］＊＃2＊SIN［＃3］＋＃5；	计算孔的 y 坐标值
	G99 G81 X＃11 Y＃12 Z－12 R2　F40；	孔加工循环

	G80；	取消固定循环
斜排孔	♯10＝♯10＋1；	孔数计数器递增
	END1；	循环结束
	G49；	取消刀具长度补偿
结束	G91 G28 Z0；	刀具在 z 向以增量方式自动返回参考点
	G28 X0 Y0；	刀具在 x 向和 y 向自动返回参考点
	G90；	恢复绝对坐标值编程
	M05；	主轴停
	M02；	程序结束

5. 刀具路径及切削验证（图 5-6）

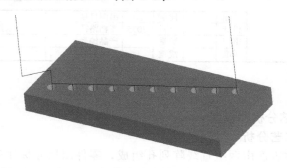

图 5.6　刀具路径及切削验证

三、双排孔零件

1. 学习目的

① 熟练掌握双排孔宏程序递变的规律。

② 学会第一孔中心坐标值、轴线角度、孔间距、孔数的变量设置。

③ 熟练掌握钻孔的循环。

④ 熟练掌握旋转指令 G68 宏程序编程的方法。

⑤ 能迅速构建编程所使用的模型。

视频演示

2. 加工图纸及要求

数控加工如图 5.7 所示的零件，编制其加工的数控程序。

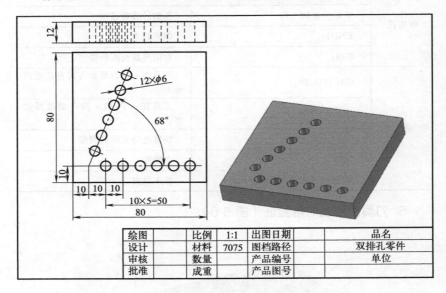

图 5.7 双排孔零件

3. 工艺分析和模型

(1) 工艺分析

该零件表面由两组直线阵列孔组成，零件图尺寸标注完整，符合数控加工尺寸标注要求；轮廓描述清楚完整；零件材料为 7075 铝，切削加工性能较好，无热处理和硬度要求。

(2) 毛坯选择

零件材料为 7075 铝，80mm×80mm×12mm 铝块。

(3) 刀具选择

刀具号	刀具规格名称	加工内容	刀具特征	备注
T01	ϕ6mm 钻头	钻孔	HSS	

(4) 几何模型

本例题采用一次性装夹，几何模型和编程路径示意图如图 5.8 所示。

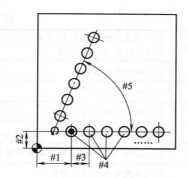

	:坐标原点
	:排孔的起点
	:排孔的旋转中心点

#1: 第一孔中心的x坐标示值
#2: 第一孔中心的y坐标示值
#3: 孔的间距
#4: 孔的个数
#5: 排孔的角度

图 5.8　几何模型和编程路径示意图

(5) 数学计算

本例题工件尺寸和坐标值明确，可直接进行编程。

4. 数控程序

	G17 G54 G94；	选择平面、坐标系、分钟进给
开始	T01 M06；	换 01 号刀
	M03 S2000；	主轴正转，2000r/min
2 组排孔	G00 X0 Y0；	取合适位置，定位在工件上方
	G43 H01 Z10；	设定长度补偿，z 向初始点高度
	#5＝0；	排孔初始角度设置为零
	N10 G68 X10 Y10 R#5；	工件坐标轴旋转#5
	#1＝20；	第一孔中心的 x 坐标值
	#2＝10；	第一孔中心的 y 坐标值
	#3＝10；	孔间距
	#4＝6；	孔数
	N20 G00 X#1 Y#2；	定位孔的加工坐标
	G81 Z－14 R5 F40；	孔加工循环
	#1＝#1＋#3；	计算 x 方向孔加工位置
	#4＝#4－1；	计算孔数
	IF［#4GE1］GOTO 20；	条件判定语句
	G80；	取消固定循环
	#5＝#5＋68；	坐标轴旋转角度均值递增 68°

续表

2 组排孔	IF［＃5LE68］GOTO 10；	如果坐标轴旋转角度＃5≤68°,则程序跳转到 N10 程序段	
	G69；	取消坐标轴旋转	
	G00 Z10；	抬刀至安全平面处	
	G49；	取消刀具长度补偿	
结束	G91 G28 Z0；	刀具在 z 向以增量方式自动返回参考点	
	G28 X0 Y0；	刀具在 x 向和 y 向自动返回参考点	
	G90；	恢复绝对坐标值编程	
	M05；	主轴停	
	M02；	程序结束	

5. 刀具路径及切削验证（图 5.9）

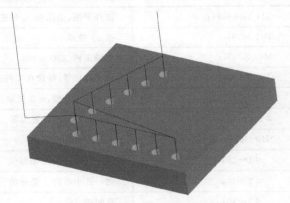

图 5.9　刀具路径及切削验证

四、多排孔零件

1. 学习目的

① 熟练掌握多排孔宏程序递变的规律。

② 学会第一孔中心坐标值、轴线角度、孔间距、孔数的变量设置。

③ 熟练掌握钻孔的循环。

④ 熟练掌握旋转指令 G68 宏程序编程的方法。

视频演示

⑤ 能迅速构建编程所使用的模型。

2. 加工图纸及要求

数控加工如图 5.10 所示的零件，编制其加工的数控程序。

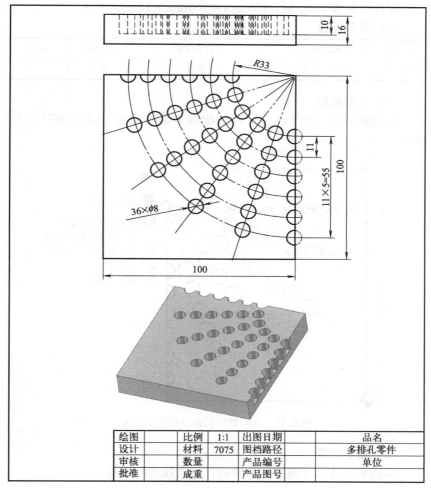

图 5.10　多排孔零件

3. 工艺分析和模型

(1) 工艺分析

该零件表面由同心且等距分布的阵列孔组成，零件图尺寸标注完整，符合数控加工尺寸标注要求；轮廓描述清楚完整；零件材料为7075铝，切削加工性能较好，无热处理和硬度要求。

（2）毛坯选择

零件材料为 7075 铝，100mm×100mm×16mm 铝块。

（3）刀具选择

刀具号	刀具规格名称	加工内容	刀具特征	备注
T01	ϕ8mm 平底刀	铣孔	HSS	

（4）几何模型

本例题采用一次性装夹，几何模型和编程路径示意图如图 5.11 所示。

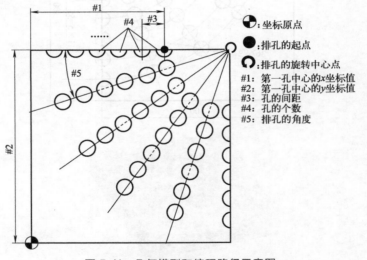

图 5.11　几何模型和编程路径示意图

（5）数学计算

本例题工件尺寸和坐标值明确，可直接进行编程。

4. 数控程序

	G17 G54 G94；	选择平面、坐标系、分钟进给
开始	T01 M06；	换 01 号刀
	M03 S2000；	主轴正转、2000r/min

	G00 X100 Y100;	取合适位置,定位在工件上方
	G43 H01 Z10;	设定长度补偿,z 向初始点高度
	#5＝0;	排孔初始角度设置为 0
	N10 G68 X100 Y100 R#5;	工件坐标轴旋转#5
	#1＝67;	第一孔中心的 x 坐标值
	#2＝100;	第一孔中心的 y 坐标值
	#3＝11;	孔间距
	#4＝6;	孔数
圆周排孔	N20 G81 X#1 Y#2 Z－10 R5 F20;	孔加工循环,铣孔
	#1＝#1－#3;	计算 x 负方向孔加工位置
	#4＝#4－1;	计算孔数
	IF[#4GE1] GOTO 20;	条件判定语句
	G80;	取消固定循环
	#5＝#5＋18;	坐标轴旋转角度均值递增18°
	IF［#5LE90］GOTO 10;	如果坐标轴旋转角度#5≤90°,则程序跳转到 N10 程序段
	G69;	取消坐标轴旋转
	G00 Z10;	抬刀至安全平面处
	G49;	取消刀具长度补偿
结束	G91 G28 Z0;	刀具在 z 向以增量方式自动返回参考点
	G28 X0 Y0;	刀具在 x 向和 y 向自动返回参考点
	G90;	恢复绝对坐标值编程
	M05;	主轴停
	M02;	程序结束

5. 刀具路径及切削验证（图 5.12）

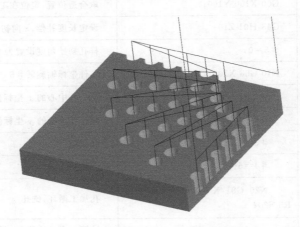

图 5.12　刀具路径及切削验证

五、矩形阵列孔零件

1. 学习目的

① 熟练掌握矩形阵列孔宏程序递变的规律。

② 学会孔中心坐标值、行列间距、行列孔数、孔数的变量设置。

视频演示

③ 充分掌握循环中嵌套循环的使用方法。

④ 熟练掌握钻孔的循环。

⑤ 能迅速构建编程所使用的模型。

2. 加工图纸及要求

数控加工如图 5.13 所示的零件，编制其加工的数控程序。

3. 工艺分析和模型

（1）工艺分析

该零件表面由矩形阵列孔组成，零件图尺寸标注完整，符合数控加工尺寸标注要求；轮廓描述清楚完整；零件材料为 7075 铝，切削加工性能较好，无热处理和硬度要求。

（2）毛坯选择

零件材料为 7075 铝，108mm×60mm×10mm 铝块。

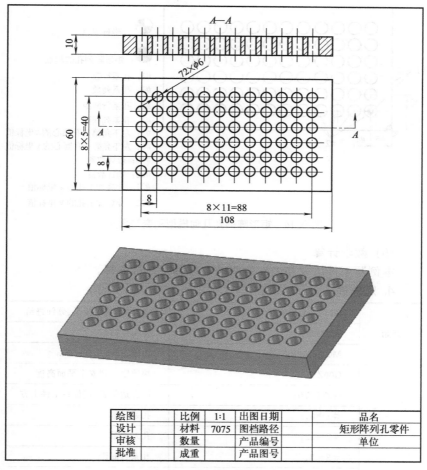

绘图		比例	1:1	出图日期		品名	
设计		材料	7075	图档路径		矩形阵列孔零件	
审核		数量		产品编号		单位	
批准		成重		产品图号			

图 5.13 矩形阵列孔零件

(3) 刀具选择

刀具号	刀具规格名称	加工内容	刀具特征	备注
T01	φ6mm 钻头	钻孔	HSS	

(4) 几何模型

本例题采用一次性装夹，轮廓部分采用 G71 的循环编程，其加工路径的模型设计如图 5.14 所示。

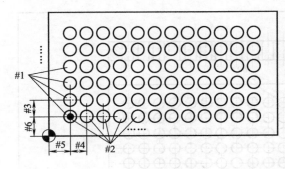

 ：坐标原点

● ：矩形阵列孔的起点

#1：孔系行数

#2：孔系列数

#3：孔系行间距

#4：孔系列间距

#5：左下角第一孔圆心的 x 坐标值

#6：左下角第一孔圆心的 y 坐标值

#10：行计数器

#20：列计数器

#21：计算加工孔的 x 坐标值

#22：计算加工孔的 y 坐标值

图 5.14　矩形阵列孔几何模型和变量含义

（5）数学计算

本例题工件尺寸和坐标值明确，可直接进行编程。

4. 宏程序

开始	G17 G54 G94；	选择平面、坐标系、分钟进给
	T1 M06；	换 1 号钻头
	M03 S2000；	主轴正转、2000r/min
矩形阵列孔	G00Z10；	快速定位到安全平面高度
	G00X0Y0；	取合适位置，定位在工件上方
	＃1＝6；	孔系行数
	＃2＝12；	孔系列数
	＃3＝8；	孔系行间距
	＃4＝8；	孔系列间距
	＃5＝10；	左下角第一孔圆心的 x 坐标值
	＃6＝10；	左下角第一孔圆心的 y 坐标值
	＃10＝1；	行计数器赋初值
	WHILE［＃10LE＃1］DO1；	行加工条件判断
	＃20＝1；	列计数器赋初值
	WHILE［＃20LE＃2］DO2；	列加工条件判断

	＃21＝＃4＊［＃20－1］＋＃5；	计算加工孔的 x 坐标值
	＃22＝＃3＊［＃10－1］＋＃6；	计算加工孔的 y 坐标值
矩形阵列孔	G99 G81 X＃21 Y＃22 Z－12 R2 F40；	孔加工循环
	G80；	取消固定循环
	＃20＝＃20＋1；	列计数器累加
	END2；	循环结束
	＃10＝＃10＋1；	行计数器累加
	END1；	循环结束
结束	G91 G28 Z0；	刀具在 z 向以增量方式自动返回参考点
	G28 X0 Y0；	刀具在 x 向和 y 向自动返回参考点
	G90；	恢复绝对坐标值编程
	M05；	主轴停
	M02；	程序结束

5. 刀具路径及切削验证（图 5.15）

图 5.15 刀具路径及切削验证

六、三角形阵列孔零件

1. 学习目的

① 熟练掌握三角形阵列孔宏程序递变的规律。

② 学会孔中心坐标值、行列间距、行列孔数、孔数的变量设置。

视频演示

③ 熟练掌握钻孔的循环。

④ 能迅速构建编程所使用的模型。

2. 加工图纸及要求

如图 5.16 所示，数控铣削加工如图所示的三角形阵列孔，试编制其加工宏程序。

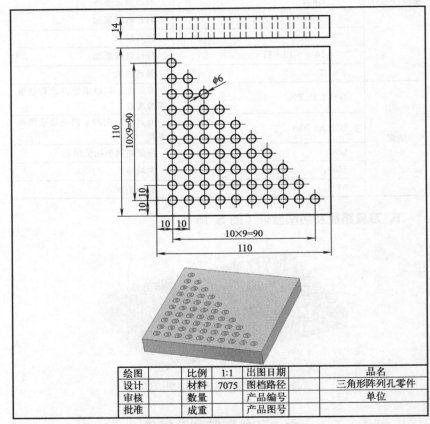

图 5.16　三角形阵列孔零件

3. 工艺分析和模型

(1) 工艺分析

该零件表面由三角形阵列孔组成，零件图尺寸标注完整，符合数控加工尺寸标注要求；轮廓描述清楚完整；零件材料为 7075 铝，切削加工性能较好，无热处理和硬度要求。

（2）毛坯选择

零件材料为 7075 铝，110mm×110mm×14mm 铝块。

（3）刀具选择

刀具号	刀具规格名称	加工内容	刀具特征	备注
T01	φ6mm 钻头	钻孔	HSS	

（4）几何模型

从下而上观察，值得思考的是，每加工完一行孔，孔数需要减少一，可以通过改变每一行孔数的变量来实现，如 ♯2＝♯2－1。

本例题采用一次性装夹，三角形阵列孔几何模型和变量含义如图 5.17 所示。

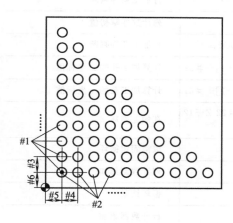

●：坐标原点

●：矩形阵列孔的起点

#1：孔系行数

#2：孔系列数

#3：孔系行间距

#4：孔系列间距

#5：左下角第一孔圆心的 x 坐标值

#6：左下角第一孔圆心的 y 坐标值

#10：行计数器

#20：列计数器

#21：计算加工孔的 x 坐标值

#22：计算加工孔的 y 坐标值

图 5.17　三角形阵列孔几何模型和变量含义

（5）数学计算

本例题工件尺寸和坐标值明确，可直接进行编程。

4. 宏程序（参数程序）

	G17 G54 G94；	选择平面、坐标系、分钟进给
开始	T1 D1；	换 1 号钻头
	M03 S2000；	主轴正转、2000r/min

	G00Z10；	快速定位到安全平面高度
	G00X0Y0；	取合适位置，定位在工件上方
	＃1＝10；	孔系行数赋值
	＃2＝10；	孔系列数赋值
	＃3＝10；	孔系行间距赋值
	＃4＝10；	孔系列间距赋值
	＃5＝10；	左下角第一孔圆心的 x 坐标值
	＃6＝10；	左下角第一孔圆心的 y 坐标值
	＃10＝1；	行计数器赋初值
	WHILE［＃10LE＃1］DO1；	行加工条件判断
三角形 阵列孔	＃20＝1；	列计数器赋初值
	WHILE［＃20LE＃2］DO2；	列加工条件判断
	＃21＝＃4＊［＃20－1］＋＃5；	计算加工孔的 x 坐标值
	＃22＝＃3＊［＃10－1］＋＃6；	计算加工孔的 y 坐标值
	G99 G81 X＃21 Y＃22 Z－12 R2　F40；	孔加工循环
	G80；	取消固定循环
	＃20＝＃20＋1；	列计数器累加
	END2；	循环结束
	＃10＝＃10＋1；	行计数器累加
	＃2＝＃2－1；	孔系列数递减一个
	END1；	循环结束
结束	G91 G28 Z0；	刀具在 z 向以增量方式自动返回参考点
	G28 X0 Y0；	刀具在 x 向和 y 向自动返回参考点
	G90；	恢复绝对坐标值编程
	M05；	主轴停
	M02；	程序结束

5. 刀具路径及切削验证（图 5.18）

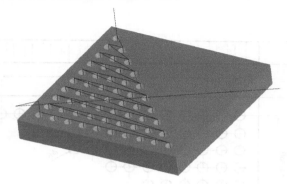

图 5.18　刀具路径及切削验证

七、倒三角阵列孔零件

1. 学习目的

① 熟练掌握倒三角形阵列孔宏程序递变的规律。

② 学会孔中心坐标值、行列间距、行列孔数、孔数的变量设置。

视频演示

③ 熟练掌握钻孔的循环。

④ 能迅速构建编程所使用的模型。

2. 加工图纸及要求

数控加工如图 5.19 所示的零件，编制其加工的数控程序。

3. 工艺分析和模型

（1）工艺分析

该零件表面由倒三角形阵列孔组成，零件图尺寸标注完整，符合数控加工尺寸标注要求；轮廓描述清楚完整；零件材料为 7075 铝，切削加工性能较好，无热处理和硬度要求。

（2）毛坯选择

零件材料为 7075 铝，150mm×80mm×12mm 铝块。

（3）刀具选择

刀具号	刀具规格名称	加工内容	刀具特征	备注
T01	ϕ6mm 钻头	钻孔	HSS	

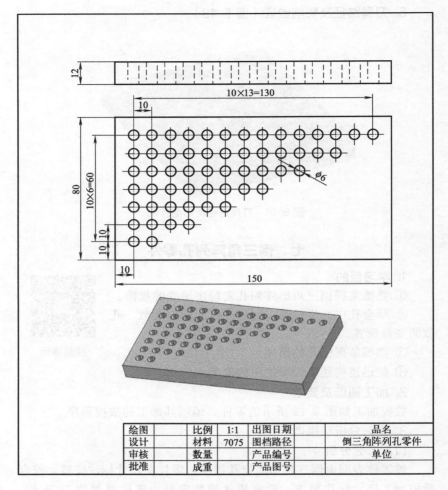

绘图		比例	1:1	出图日期		品名	
设计		材料	7075	图档路径		倒三角阵列孔零件	
审核		数量		产品编号		单位	
批准		成重		产品图号			

图 5.19 倒三角阵列孔零件

(4) 几何模型

从上而下观察，每加工完一行孔，孔数需要减少二，可以通过改变每一行孔数的变量来实现，如 ♯2＝♯2－2。

本例题采用一次性装夹，三角形阵列孔几何模型和变量含义如图 5.20 所示。

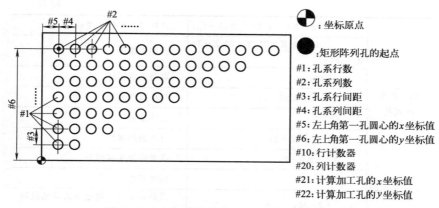

图 5.20 三角形阵列孔几何模型和变量含义

(5) 数学计算

本例题工件尺寸和坐标值明确，可直接进行编程。

4. 宏程序（参数程序）

	G17 G54 G94；	选择平面、坐标系、分钟进给
开始	T1 D1；	换 1 号钻头
	M03 S2000；	主轴正转、2000r/min
倒三角形 阵列孔	G00Z10；	快速定位到安全平面高度
	G00X0Y80；	取合适位置,定位在工件上方
	#1＝7；	孔系行数
	#2＝14；	孔系列数
	#3＝10；	孔系行间距
	#4＝10；	孔系列间距
	#5＝10；	左上角第一孔圆心的 *x* 坐标值
	#6＝70；	左上角第一孔圆心的 *y* 坐标值
	#10＝1；	行计数器赋初值
	WHILE［#10LE#1］DO1；	行加工条件判断
	#20＝1；	列计数器赋初值
	WHILE［#20LE#2］DO2；	列加工条件判断
	#21＝#5＋#4＊［#20－1］；	计算加工孔的 *x* 坐标值

	#22=#6-#3*[#10-1];	计算加工孔的 y 坐标值
倒三角形阵列孔	G99 G81 X#21 Y#22 Z-14 R2 F40;	孔加工循环
	G80;	取消固定循环
	#20=#20+1;	列计数器累加
	END2;	循环结束
	#10=#10+1;	行计数器累加
	#2=#2-2;	孔系列数递减两个
	END1;	循环结束
结束	G91 G28 Z0;	刀具在 z 向以增量方式自动返回参考点
	G28 X0 Y0;	刀具在 x 向和 y 向自动返回参考点
	G90;	恢复绝对坐标值编程
	M05;	主轴停
	M02;	程序结束

5. 刀具路径及切削验证（图 5.21）

图 5.21 刀具路径及切削验证

八、矩形阵列群孔零件

1. 学习目的

① 熟练掌握矩形阵列群孔宏程序递变的规律。

② 学会孔中心坐标值、行列间距、行列孔数、孔数的变量设置。

③ 充分掌握循环中嵌套循环的使用方法。

④ 熟练掌握钻孔的循环。

⑤ 熟练掌握旋转指令 G68 宏程序编程的方法。

视频演示

⑥ 能迅速构建编程所使用的模型。

2. 加工图纸及要求

数控加工如图 5.22 所示的零件，编制其加工的数控程序。

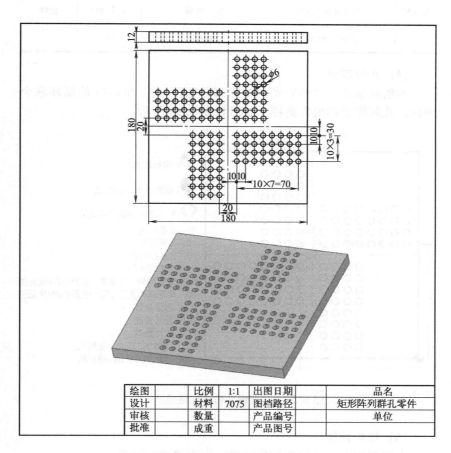

绘图		比例	1:1	出图日期		品名	
设计		材料	7075	图档路径		矩形阵列群孔零件	
审核		数量		产品编号		单位	
批准		成重		产品图号			

图 5.22　矩形阵列群孔零件

3. 工艺分析和模型

（1） 工艺分析

该零件表面由四组旋转而成的矩形阵列孔组成，零件图尺寸标注完整，符合数控加工尺寸标注要求；轮廓描述清楚完整；零件材料为7075 铝，切削加工性能较好，无热处理和硬度要求。

（2） 毛坯选择

零件材料为 7075 铝，180mm×180mm×12mm 铝块。

（3） 刀具选择

刀具号	刀具规格名称	加工内容	刀具特征	备注
T01	φ6mm 钻头	钻孔	HSS	

（4） 几何模型

本例题采用一次性装夹，轮廓部分采用 G71 和 G73 的循环联合编程，几何模型和编程路径示意图如图 5.23 所示。

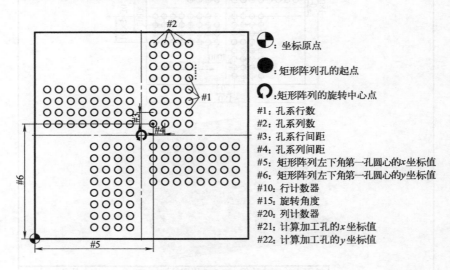

图 5.23　几何模型和编程路径示意图

（5） 数学计算

本例题工件尺寸和坐标值明确，可直接进行编程。

4. 数控程序

开始	G17 G54 G94；	选择平面、坐标系、分钟进给
	T1 M06；	换1号钻头
	M03 S2000；	主轴正转、2000r/min
	G0Z50；	快速定位到安全平面高度
	G0X90Y90；	取合适位置,定位在工件上方
	♯35＝0；	排孔初始角度设置为0
	N10 G68 X100 Y100 R♯35；	工件坐标轴旋转♯35
	♯1＝8；	孔系行数
	♯2＝4；	孔系列数
	♯3＝10；	孔系行间距
	♯4＝10；	孔系列间距
	♯5＝100；	矩形阵列左下角第一孔圆心的 x 坐标值
	♯6＝100；	矩形阵列左下角第一孔圆心的 y 坐标值
	♯10＝1；	行计数器赋初值
矩形阵列群孔	WHILE［♯10LE♯1］DO1；	行加工条件判断
	♯20＝1；	列计数器赋初值
	WHILE［♯20LE♯2］DO2；	列加工条件判断
	♯21＝♯4＊［♯20－1］＋♯5；	计算加工孔的 x 坐标值
	♯22＝♯3＊［♯10－1］＋♯6；	计算加工孔的 y 坐标值
	G99 G81 X♯21 Y♯22 Z－12 R2 F40；	孔加工循环
	G80；	取消固定循环
	♯20＝♯20＋1；	列计数器累加
	END2；	循环结束
	♯10＝♯10＋1；	行计数器累加
	END1；	循环结束
	♯35＝♯35＋90；	坐标轴旋转角度均值递增90°
	IF［♯35LE270］GOTO 10；	如果坐标轴旋转角度♯35≤270°,则程序跳转到N10程序段
	G69；	取消坐标轴旋转

	G91 G28 Z0;	刀具在 z 向以增量方式自动返回参考点
结束	G28 X0 Y0;	刀具在 x 向和 y 向自动返回参考点
	G90;	恢复绝对坐标值编程
	M05;	主轴停
	M02;	程序结束

5. 刀具路径及切削验证（图5.24）

图 5.24　刀具路径及切削验证

九、圆周阵列孔零件

1. 学习目的

① 熟练掌握圆周阵列孔宏程序递变的规律。

② 学会阵列中心坐标值、夹角、孔数的变量设置。

③ 熟练掌握钻孔的循环。

④ 能迅速构建编程所使用的模型。

视频演示

2. 加工图纸及要求

数控加工如图 5.25 所示的零件，编制其加工的数控程序。

3. 工艺分析和模型

(1) 工艺分析

该零件表面由圆周阵列孔组成，零件图尺寸标注完整，符合数控加工尺寸标注要求；轮廓描述清楚完整；零件材料为 7075 铝，切削

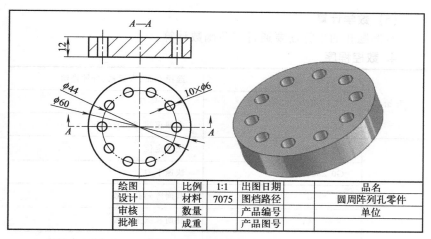

图 5.25 圆周阵列孔零件

加工性能较好，无热处理和硬度要求。

（2）毛坯选择

零件材料为 7075 铝，$\phi 60\text{mm} \times 12\text{mm}$ 圆柱。

（3）刀具选择

刀具号	刀具规格名称	加工内容	刀具特征	备注
T01	$\phi 6\text{mm}$ 钻头	钻孔	HSS	

（4）几何模型

在这里取和孔直径一样大的铣刀或钻头。本例题采用一次性装夹，圆周阵列孔几何模型和变量含义如图 5.26 所示。

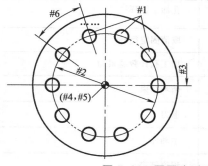

◐:坐标原点
（本例题原点与圆周阵列孔的圆心重合）
#1:圆周阵列孔个数
#2:孔所在圆的直径
#3:第1孔与x正半轴的夹角
#4:圆周阵列孔所在圆的圆心的x坐标
#5:圆周阵列孔所在圆的圆心的y坐标
#6:相邻两孔间夹角
#10:孔计数器
#11:阵列孔的x坐标值
#12:阵列孔的y坐标值

图 5.26　圆周阵列孔几何模型和变量含义

(5) 数学计算

本例题孔的坐标需要通过三角函数计算。

4. 数控程序

开始	G17 G54 G94；	选择平面、坐标系、分钟进给
	T01 M06；	换 01 号刀
	M03 S2000；	主轴正转、2000r/min
圆周阵列孔	G0 X0 Y0；	快速定位
	G0 Z50；	快速下刀
	#1=10；	圆周阵列孔个数
	#2=44；	孔所在圆的直径
	#3=0；	第 1 孔与 x 正半轴的夹角赋值
	#4=0；	圆周阵列孔所在圆的圆心的 x 坐标
	#5=0；	圆周阵列孔所在圆的圆心的 y 坐标
	#6=360/#1；	计算相邻两孔间夹角
	#10=1；	加工孔计数器赋值
	WHILE[#10LE#1]DO1；	加工条件判断
	#11=#2*0.5*COS[[#10−1]*#6+#3]+#4；	计算加工孔的 x 坐标值
	#12=#2*0.5*SIN[[#10−1]*#6+#3]+#5；	计算加工孔的 y 坐标值
	G99 G81 X#11 Y#12 Z−15 R2 F40；	孔加工循环
	G80；	取消固定循环
	#10=#10+1；	加工孔计数器累加
	END1；	循环结束
结束	G00 Z200；	退刀
	M05；	主轴停
	M02；	程序结束

5. 刀具路径及切削验证 (图 5.27)

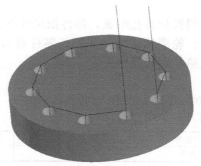

图 5.27 刀具路径及切削验证

十、圆弧分布孔零件

1. 学习目的

① 熟练掌握圆弧分布孔宏程序递变的规律。

② 学会阵列中心坐标值、夹角、孔数的变量设置。

③ 熟练掌握钻孔的循环。

④ 能迅速构建编程所使用的模型。

视频演示

2. 加工图纸及要求

数控加工如图 5.28 所示的零件，编制其加工的数控程序。

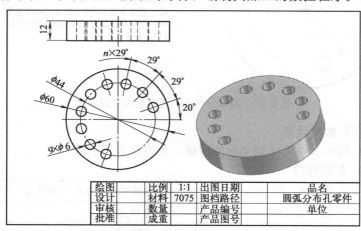

绘图		比例	1:1	出图日期		品名	
设计		材料	7075	图档路径		圆弧分布孔零件	
审核		数量		产品编号		单位	
批准		成重		产品图号			

图 5.28 圆弧分布孔零件

3. 工艺分析和模型

(1) 工艺分析

该零件表面由圆弧分布孔组成，零件图尺寸标注完整，符合数控加工尺寸标注要求；轮廓描述清楚完整；零件材料为 7075 铝，切削加工性能较好，无热处理和硬度要求。

(2) 毛坯选择

零件材料为 7075 铝，ϕ60mm×12mm 圆柱。

(3) 刀具选择

刀具号	刀具规格名称	加工内容	刀具特征	备注
T01	ϕ6mm 钻头	钻孔	HSS	

(4) 几何模型

圆弧分布孔系铣削加工宏程序编程的关键是计算每个孔的圆心坐标值，而计算各孔圆心的坐标值主要有坐标方程、坐标旋转和极坐标三种方法，这里选择坐标旋转方法。圆弧分布孔几何模型和变量含义如图 5.29 所示。

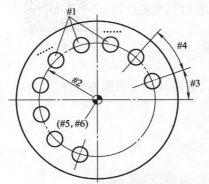

◑：坐标原点
（本例题原点与圆弧分布孔的圆心重合）
#1：圆弧分布孔个数
#2：圆弧分布孔的圆弧半径
#3：第1孔与 x 正半轴的夹角
#4：相邻两孔间的夹角
#5：孔分布圆弧所在的圆的圆心的 x 坐标
#6：孔分布圆弧所在的圆的圆心的 y 坐标
#10：孔计数器

图 5.29　圆弧分布孔几何模型和变量含义

(5) 数学计算

本例题工件尺寸和坐标值明确，可直接进行编程。

4. 数控程序

	G17 G54 G94；	选择平面、坐标系、分钟进给
开始	T01 M06；	换 01 号刀
	M03 S2000；	主轴正转、2000r/min

	G0 X0 Y0；	快速定位
	G0 Z50；	快速下刀
	#1＝9；	孔系中孔的个数 N 赋值
	#2＝22；	圆弧分布孔的圆弧半径 R 赋值
	#3＝20；	第 1 孔与 x 正半轴的夹角 α 赋值
	#4＝29；	相邻两孔间的夹角 β 赋值
	#5＝0；	孔分布圆弧圆心在工件坐标系下的 x 坐标赋值
圆弧分布孔	#6＝0；	孔分布圆弧圆心在工件坐标系下的 y 坐标赋值
	#10＝1；	加工孔的计数器赋值
	WHILE[#10LE#1]DO1；	加工条件判断
	G68 X#5 Y#6 R[[#10－1]＊#4＋#3]；	坐标旋转设定
	G99 G81 x[#2＋#5]Y#6 Z－14 R2　F40；	孔加工循环
	G80；	取消固定循环
	G69；	取消坐标旋转
	#10＝#10＋1；	加工孔计数器累加
	END1；	循环结束
结束	G00 Z200；	退刀
	M05；	主轴停
	M02；	程序结束

5. 刀具路径及切削验证 (图 5.30)

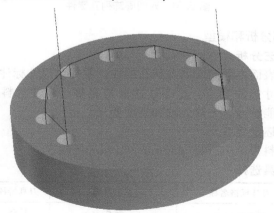

图 5.30　刀具路径及切削验证

十一、双圆周阵列孔零件

1. 学习目的

① 熟练掌握双圆周阵列孔宏程序递变的规律。

② 学会阵列中心坐标值、夹角、孔数的变量设置。

③ 熟练掌握钻孔的循环。

④ 能迅速构建编程所使用的模型。

视频演示

2. 加工图纸及要求

数控加工如图 5.31 所示的零件，编制其加工的数控程序。

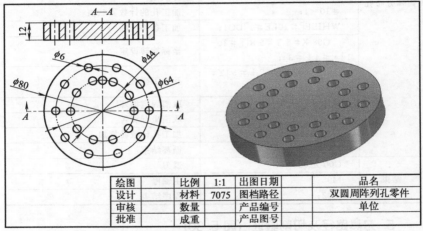

绘图		比例	1:1	出图日期		品名
设计		材料	7075	图档路径		双圆周阵列孔零件
审核		数量		产品编号		单位
批准		成重		产品图号		

图 5.31 双圆周阵列孔零件

3. 工艺分析和模型

(1) 工艺分析

该零件表面由两圈圆周阵列孔组成，零件图尺寸标注完整，符合数控加工尺寸标注要求；轮廓描述清楚完整；零件材料为 7075 铝，切削加工性能较好，无热处理和硬度要求。

(2) 毛坯选择

零件材料为 7075 铝，$\phi 80mm \times 12mm$ 圆柱。

(3) 刀具选择

刀具号	刀具规格名称	加工内容	刀具特征	备注
T01	$\phi 6mm$ 钻头	钻孔	HSS	

(4) 几何模型

在这里取和孔直径一样大的铣刀或钻头，本例题采用一次性装夹，圆周阵列孔几何模型和变量含义如图 5.32 所示。

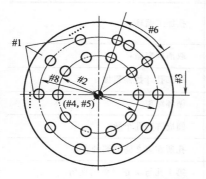

◑：坐标原点
（本例题原点与圆周阵列孔的圆心重合）
#1：圆周阵列孔个数
#2：孔所在第1圈的圆的直径赋值
#8：孔所在第2圈的圆的直径赋值
#3：第1孔与 x 正半轴的夹角
#4：圆周阵列孔所在圆的圆心的 x 坐标
#5：圆周阵列孔所在的圆的圆心的 y 坐标
#6：相邻两孔间夹角
#10：孔计数器
#11：阵列孔的 x 坐标值
#12：阵列孔的 y 坐标值

图 5.32　圆周阵列孔几何模型和变量含义

(5) 数学计算

本例题孔的坐标需要通过三角函数计算。

4. 数控程序

开始	G17 G54 G94；	选择平面、坐标系、分钟进给
	T01 M06；	换 01 号刀
	M03 S2000；	主轴正转、2000r/min
内圈圆周阵列孔	G0 X0 Y0；	快速定位
	G0 Z50；	快速下刀
	#1＝10；	圆周阵列孔个数
	#2＝44；	孔所在第 1 圈的圆的直径
	#3＝0；	第 1 孔与 x 正半轴的夹角
	#4＝0；	圆周阵列孔所在圆的圆心的 x 坐标
	#5＝0；	圆周阵列孔所在的圆的圆心的 y 坐标
	#6＝360/#1；	计算相邻两孔间夹角
	#10＝1；	加工孔计数器赋值
	WHILE[#10LE#1]DO1；	加工条件判断
	#11＝#2＊0.5＊COS[[#10－1]＊#6+#3]＋#4；	计算加工孔的 x 坐标值

内圈圆周阵列孔	#12＝#2＊0.5＊SIN[[#10－1]＊#6＋#3]＋#5;	计算加工孔的 y 坐标值
	G99 G81 X#11 Y#12 Z－15 R2 F40;	孔加工循环
	G80;	取消固定循环
	#10＝#10＋1;	加工孔计数器累加
	END1;	循环结束
外圈圆周阵列孔	#1＝10;	圆周阵列孔个数
	#8＝64;	孔所在第 2 圈的圆的直径
	#3＝0;	第 1 孔与 x 正半轴的夹角
	#4＝0;	圆周阵列孔所在圆的圆心的 x 坐标
	#5＝0;	圆周阵列孔所在圆的圆心的 y 坐标
	#6＝360/#1;	计算相邻两孔间夹角
	#10＝1;	加工孔计数器赋值
	WHILE[#10LE#1]DO2;	加工条件判断
	#11＝#8＊0.5＊COS[[#10－1]＊#6＋#3]＋#4;	计算加工孔的 x 坐标值
	#12＝#8＊0.5＊SIN[[#10－1]＊#6＋#3]＋#5;	计算加工孔的 y 坐标值
	G99 G81 X#11 Y#12 Z－15 R2 F40;	孔加工循环
	G80;	取消固定循环
	#10＝#10＋1;	加工孔计数器累加
	END2;	循环结束
结束	G00 Z200;	退刀
	M05;	主轴停
	M02;	程序结束

5. 刀具路径及切削验证（图 5. 33）

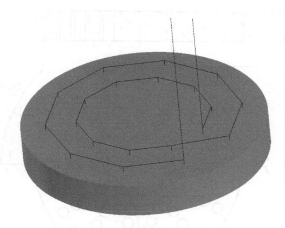

图 5. 33　刀具路径及切削验证

十二、圆弧分布群孔零件

1. 学习目的

① 熟练掌握圆弧分布群孔宏程序递变的规律。

② 学会孔中心坐标值、角度、孔间距、孔数的变量设置。

③ 熟练掌握旋转指令 G68 宏程序编程的方法。

④ 熟练掌握钻孔的循环。

⑤ 能迅速构建编程所使用的模型。

视频演示

2. 加工图纸及要求

数控加工如图 5.34 所示的零件，编制其加工的数控程序。

3. 工艺分析和模型

（1）工艺分析

该零件表面由多组圆周均布孔联合组成，零件图尺寸标注完整，符合数控加工尺寸标注要求；轮廓描述清楚完整；零件材料为 7075 铝，切削加工性能较好，无热处理和硬度要求。

（2）毛坯选择

零件材料为 7075 铝，$\phi100mm \times 14mm$ 圆柱。

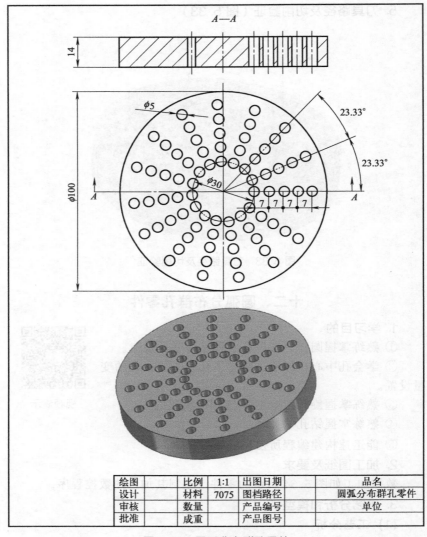

图 5.34 圆弧分布群孔零件

(3) 刀具选择

刀具号	刀具规格名称	加工内容	刀具特征	备注
T01	φ5mm 钻头	钻孔	HSS	

(4) 几何模型

本例题采用一次性装夹，圆周阵列孔几何模型和变量含义如图 5.35 所示。

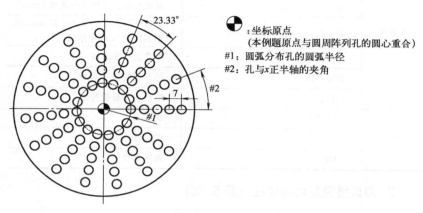

⊕ :坐标原点
（本例题原点与圆周阵列孔的圆心重合）
#1：圆弧分布孔的圆弧半径
#2：孔与x正半轴的夹角

图 5.35　圆周阵列孔几何模型和变量含义

(5) 数学计算

本例题工件尺寸和坐标值明确，可直接进行编程。

4. 数控程序

开始	G17 G54 G94；	选择平面、坐标系、分钟进给
	T01 M06；	换 01 号刀
	M03 S2000；	主轴正转、2000r/min
圆周等分群孔	G00 X0 Y0；	取合适位置，定位在工件上方
	G43 H01 Z100；	设定长度补偿，z 向初始点高度
	#1=15；	基准圆半径值
	N50 #2＝0；	孔与 x 正半轴的夹角初始角度设置为零
	N55 G68 X0 Y0 R#2；	工件坐标轴旋转#2
	G00 X#1 Y0；	刀具快速移动到工件坐标值为（#1,0)处
	G99 G81 Z－15 R5 F40；	调用 G99 模式下的 G81 钻孔循环指令
	#2＝#2＋23.33；	坐标轴旋转角度均值递增 23.33°

	IF［#2LE349］GOTO 55;	如果坐标轴旋转角度#2≤349°，则程序跳转到 N55 程序段
圆周等分群孔	#1＝#1＋7;	基准环形孔半径均值递增 7mm
	IF［#1LE43］GOTO 50;	如果环形孔半径#1≤43mm，则程序跳转到 N50 程序段
	G69;	取消坐标轴旋转
	G00 Z10;	抬刀至安全平面处
	G49;	取消刀具长度补偿
结束	G00 Z200;	退刀
	M05;	主轴停
	M02;	程序结束

5. 刀具路径及切削验证（图 5.36）

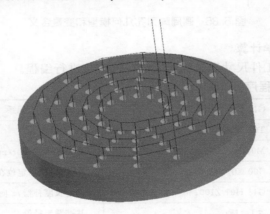

图 5.36　刀具路径及切削验证

十三、等距圆周排孔零件

1. 学习目的

① 熟练掌握等距圆周排孔宏程序递变的规律。

② 学会孔中心坐标值、角度、孔间距、孔数的变量设置。

视频演示

③ 熟练掌握旋转指令 G68 宏程序编程的方法。

④ 熟练掌握钻孔的循环。

⑤ 能迅速构建编程所使用的模型。

2. 加工图纸及要求

数控加工如图 5.37 所示的零件，编制其加工的数控程序。

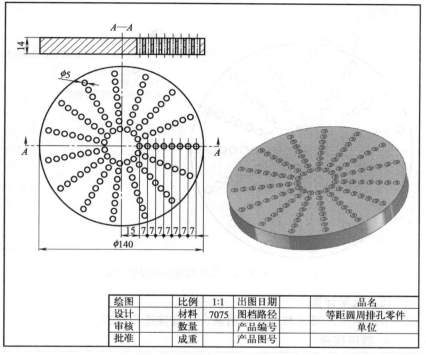

绘图		比例	1:1	出图日期		品名
设计		材料	7075	图档路径		等距圆周排孔零件
审核		数量		产品编号		单位
批准		成重		产品图号		

图 5.37 等距圆周排孔零件

3. 工艺分析和模型

(1) 工艺分析

该零件表面由多组圆周阵列孔组成，零件图尺寸标注完整，符合数控加工尺寸标注要求；轮廓描述清楚完整；零件材料为 7075 铝，切削加工性能较好，无热处理和硬度要求。

(2) 毛坯选择

零件材料为 7075 铝，ϕ140mm×14mm 圆柱。

(3) 刀具选择

刀具号	刀具规格名称	加工内容	刀具特征	备注
T01	φ5mm 钻头	钻孔	HSS	

(4) 几何模型

本例题采用一次性装夹，圆周阵列孔几何模型和变量含义如图5.38 所示。

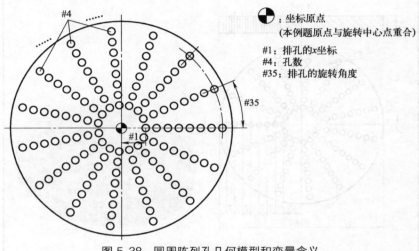

◐：坐标原点
(本例题原点与旋转中心点重合)

#1：排孔的x坐标
#4：孔数
#35：排孔的旋转角度

图 5.38　圆周阵列孔几何模型和变量含义

(5) 数学计算

本例题工件尺寸和坐标值明确，可直接进行编程。

4. 数控程序

开始	G17 G54 G94；	选择平面、坐标系、分钟进给
	T01 M06；	换 01 号刀
	M03 S2000；	主轴正转、2000r/min
等距圆周排孔	G00 X0 Y0；	取合适位置，定位在工件上方
	G43 H01 Z5；	设定长度补偿，z 向初始点高度
	＃35＝0；	排孔初始角度设置为 0
	N10 G68 X0 Y0 R＃35；	工件坐标轴旋转＃35
	＃1＝15；	第 1 孔中心的 x 坐标值

等距圆周排孔	#4＝1；	孔数赋初始值
	WHILE［#4LE8］DO1；	加工条件判断
	G81 X#1 Y0 Z－16 R5 F40；	孔加工循环
	#1＝#1＋7；	计算 x 方向孔加工位置
	#4＝#4＋1；	计算孔数
	END1；	循环结束
	G80；	取消固定循环
	#35＝ #35＋360/15；	坐标轴旋转角度均值递增24°
	IF［#35 LT 360］GOTO 10；	如果坐标轴旋转角度#35＜360°，则程序跳转到 N10 程序段
	G69；	取消坐标轴旋转
结束	G91 G28 Z0；	刀具在 z 向以增量方式自动返回参考点
	G28 X0 Y0；	刀具在 x 向和 y 向自动返回参考点
	G90；	恢复绝对坐标值编程
	M05；	主轴停
	M02；	程序结束

5. 刀具路径及切削验证（图 5.39）

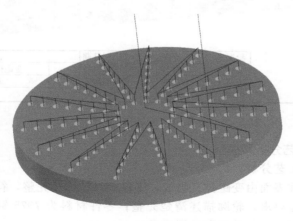

图 5.39　刀具路径及切削验证

十四、变距排孔零件

1. 学习目的

① 熟练掌握变距排孔宏程序递变的规律。

② 学会孔中心坐标值、孔间距、孔数的变量设置。

③ 熟练掌握钻孔的循环。

④ 能迅速构建编程所使用的模型。

2. 加工图纸及要求

数控加工如图 5.40 所示的零件,编制其加工的数控程序。

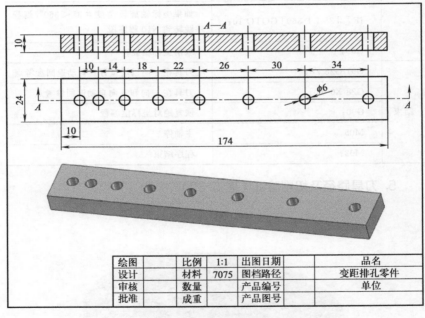

绘图		比例	1:1	出图日期		品名	
设计		材料	7075	图档路径		变距排孔零件	
审核		数量		产品编号		单位	
批准		成重		产品图号			

图 5.40 变距排孔零件

3. 工艺分析和模型

(1) 工艺分析

该零件表面由变距排孔组成,零件图尺寸标注完整,符合数控加工尺寸标注要求;轮廓描述清楚完整;零件材料为 7075 铝,切削加工性能较好,无热处理和硬度要求。

(2) 毛坯选择

零件材料为 7075 铝，174mm×24mm×10mm 铝块。

(3) 刀具选择

刀具号	刀具规格名称	加工内容	刀具特征	备注
T01	φ6mm 钻头	钻孔	HSS	

(4) 几何模型

此零件加工内容为孔，且孔的直径大小相同，孔间距初始值为 10mm，需考虑槽顶移动量：移动量＝槽宽＋槽间距＋每次增加的宽度×槽的个数，变距排孔几何模型和变量含义如图 5.41 所示。

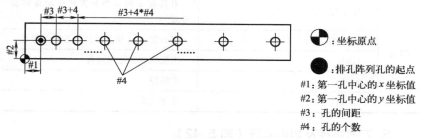

#3 #3+4 #3+4*#4
#2
#1
#4

： 坐标原点

： 排孔阵列孔的起点

#1：第一孔中心的 x 坐标值
#2：第一孔中心的 y 坐标值
#3：孔的间距
#4：孔的个数

图 5.41 变距排孔几何模型和变量含义

(5) 数学计算

本例题工件尺寸和坐标值明确，可直接进行编程。

4. 数控程序

	G17 G54 G94;	选择平面、坐标系、分钟进给
开始	T01 M06;	换 01 号刀
	M03 S2000;	主轴正转、2000r/min
变距排孔	G00 X0 Y0;	取合适位置，定位在工件上方
	G43 H01 Z5;	设定长度补偿，z 向初始点高度
	#1＝10;	第一孔中心的 x 坐标值
	#2＝12;	第一孔中心的 y 坐标值
	#3＝10;	第一个间距
	#4＝0;	孔数初始赋值，从 0～7 的 8 个孔计数 此处从 0 开始计数，因为第 1 孔不需要累计值

	N100;	程序跳转标记符
变距排孔	G81 X#1 Y#2 Z−12 R5 F40;	孔加工循环
	#1＝#1+[#3+4 * #4];	计算 x 方向孔加工位置
	#4＝#4+1;	计算孔数
	IF[#4LE7] GOTO 100;	条件判定语句
	G80;	取消固定循环
	G00 Z10;	抬刀至安全平面处
	G49;	取消刀具长度补偿
结束	G91 G28 Z0;	刀具在 z 向以增量方式自动返回参考点
	G28 X0 Y0;	刀具在 x 向和 y 向自动返回参考点
	G90;	恢复绝对坐标值编程
	M05;	主轴停
	M02;	程序结束

5. 刀具路径及切削验证（图 5.42）

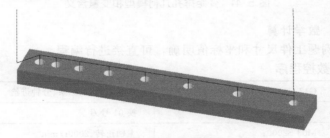

图 5.42　刀具路径及切削验证

十五、变距圆周分布孔零件

1. 学习目的

① 熟练掌握变距圆周分布孔宏程序递变的规律。

② 学会孔中心坐标值、角度、孔间距、孔数的变量设置。

③ 熟练掌握旋转指令 G68 宏程序编程的方法。

视频演示

④ 熟练掌握钻孔的循环。

⑤ 能迅速构建编程所使用的模型。

2. 加工图纸及要求

数控加工如图 5.43 所示的零件，编制其加工的数控程序。

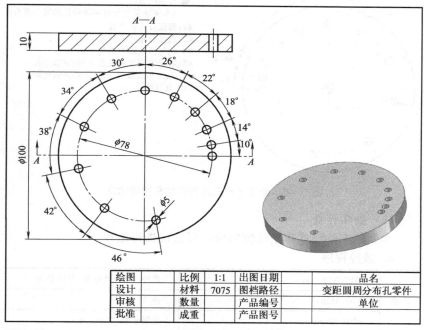

图 5.43 变距圆周分布孔零件

3. 工艺分析和模型

(1) 工艺分析

该零件表面由变距圆周分布孔组成，零件图尺寸标注完整，符合数控加工尺寸标注要求；轮廓描述清楚完整；零件材料为 7075 铝，切削加工性能较好，无热处理和硬度要求。

(2) 毛坯选择

零件材料为 7075 铝，$\phi100mm \times 10mm$ 圆柱。

(3) 刀具选择

刀具号	刀具规格名称	加工内容	刀具特征	备注
T01	$\phi5mm$ 钻头	钻孔	HSS	

(4) 几何模型

本例题采用一次性装夹，圆弧分布孔几何模型和变量含义如图 5.44 所示。

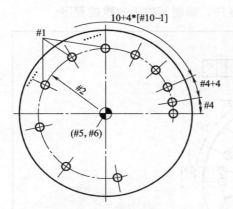

🏵️:坐标原点
(本例题原点与圆周阵列孔的圆心重合)
#1:圆弧分布孔个数
#2:圆弧分布孔的圆弧半径
#4:相邻两孔间的夹角
#5:孔分布圆弧所在的圆的圆心的 x 坐标
#6:孔分布圆弧所在的圆的圆心的 y 坐标
#10:孔计数器

图 5.44 圆弧分布孔几何模型和变量含义

(5) 数学计算

本例题工件尺寸和坐标值明确，可直接进行编程。

4. 数控程序

开始	G17 G54 G94；	选择平面、坐标系、分钟进给
	T01 M06；	换 01 号刀
	M03 S2000；	主轴正转、2000r/min
圆弧分布孔	G0 X0 Y0；	快速定位
	G0 Z5；	快速下刀
	#1＝11；	孔系中孔的个数 N 赋值
	#2＝39；	圆弧分布孔的圆弧半径 R 赋值
	#4＝0；	相邻两孔间的夹角初始赋值
	#5＝0；	孔分布圆弧圆心在工件坐标系下的 x 坐标赋值
	#6＝0；	孔分布圆弧圆心在工件坐标系下的 y 坐标赋值
	#10＝1；	加工孔的计数器赋值
	WHILE［#10LE#1］DO1；	加工条件判断

	G68 X♯5 Y♯6 R♯4;	坐标旋转设定
圆弧分布孔	G99 G81 x[♯2+♯5]Y♯6 Z−12 R2 F40;	孔加工循环
	G80;	取消固定循环
	G69;	取消坐标旋转
	♯4=♯4+[10+4*[♯10−1]];	计算旋转角度值
	♯10=♯10+1;	加工孔计数器累加
	END1;	循环结束
结束	G91 G28 Z0;	刀具在z向以增量方式自动返回参考点
	G28 X0 Y0;	刀具在x向和y向自动返回参考点
	G90;	恢复绝对坐标值编程
	M05;	主轴停
	M02;	程序结束

5. 刀具路径及切削验证（图5.45）

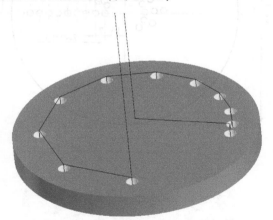

图5.45 刀具路径及切削验证

十六、递减等距圆弧排孔零件

1. 学习目的

① 熟练掌握等距排孔宏程序递变的规律。

② 学会孔中心坐标值、角度、孔间距、孔数的变量设置。

视频演示

③ 熟练掌握旋转指令 G68 宏程序编程的方法。

④ 熟练掌握钻孔的循环。

⑤ 能迅速构建编程所使用的模型。

2. 加工图纸及要求

数控加工如图 5.46 所示的零件，编制其加工的数控程序。

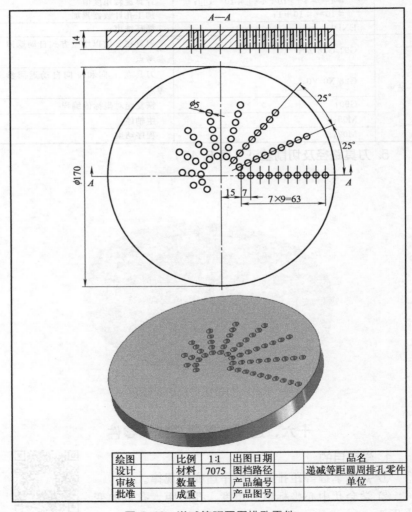

绘图		比例	1:1	出图日期		品名	
设计		材料	7075	图档路径		递减等距圆周排孔零件	
审核		数量		产品编号		单位	
批准		成重		产品图号			

图 5.46 递减等距圆周排孔零件

3. 工艺分析和模型

(1) 工艺分析

该零件表面由逐次递减圆弧分布孔组成，零件图尺寸标注完整，符合数控加工尺寸标注要求；轮廓描述清楚完整；零件材料为 7075 铝，切削加工性能较好，无热处理和硬度要求。

(2) 毛坯选择

零件材料为 7075 铝，$\phi170\text{mm} \times 14\text{mm}$ 圆柱。

(3) 刀具选择

刀具号	刀具规格名称	加工内容	刀具特征	备注
T01	$\phi5\text{mm}$ 钻头	钻孔	HSS	

(4) 几何模型

本例题采用一次性装夹，几何模型和编程路径示意图如图 5.47 所示。

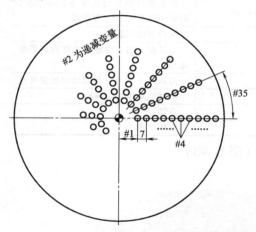

⊕：坐标原点
（本例题原点和排孔旋转中心点重合）
#1：第1孔中心的 x 坐标值
#2：孔系列数递减变量
#4：排孔数
#5：孔分布圆弧所在圆的圆心的 x 坐标
#6：孔分布圆弧所在圆的圆心的 y 坐标
#35：排孔的旋转角度

图 5.47　几何模型和编程路径示意图

(5) 数学计算

本例题工件尺寸和坐标值明确，可直接进行编程。

4. 数控程序

开始	G17 G54 G94；	选择平面、坐标系、分钟进给
	T01 M06；	换 01 号刀
	M03 S2000；	主轴正转、2000r/min

	G00 X0 Y0;	取合适位置,定位在工件上方
	G43 H01 Z5;	设定长度补偿,z 向初始点高度
	#2＝10;	孔系列数赋值
	#35＝0;	排孔初始角度设置为 0
	N10 G68 X0 Y0 R#35;	工件坐标轴旋转#35
	#1＝15;	第 1 孔中心的 x 坐标值
	#4＝1;	孔数赋初始值
	WHILE[#4LE#2]DO1;	加工条件判断
递减等距	G81 X#1 Y0 Z－16 R5 F40;	孔加工循环
圆弧排孔	#1＝#1＋7;	计算 x 方向孔加工位置
	#4＝#4＋1;	计算孔数
	END1;	循环结束
	G80;	取消固定循环
	#2＝#2－1;	孔系列数递减一个
	#35＝ #35＋25;	坐标轴旋转角度均值递增 25°
	IF［#35LE250］GOTO 10;	如果坐标轴旋转角度#35≤250°,则程序跳转到 N10 程序段
	G69;	取消坐标轴旋转
结束	G91 G28 Z0;	刀具在 z 向以增量方式自动返回参考点
	G28 X0 Y0;	刀具在 x 向和 y 向自动返回参考点
	G90;	恢复绝对坐标值编程
	M05;	主轴停
	M02;	程序结束

5. 刀具路径及切削验证（图 5.48）

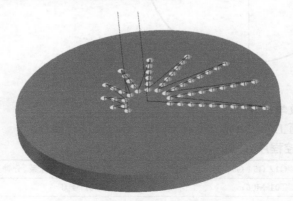

图 5.48　刀具路径及切削验证

十七、薄板群孔配合板零件

1. 学习目的

视频演示

① 熟练掌握圆周阵列孔和矩形阵列孔宏程序递变的规律。

② 学会孔中心坐标值、角度、孔间距、孔数的变量设置。

③ 熟练掌握旋转指令 G68 宏程序编程的方法。

④ 熟练掌握钻孔的循环。

⑤ 能迅速构建编程所使用的模型。

2. 加工图纸及要求

数控加工如图 5.49 所示的零件，编制其加工的数控程序。

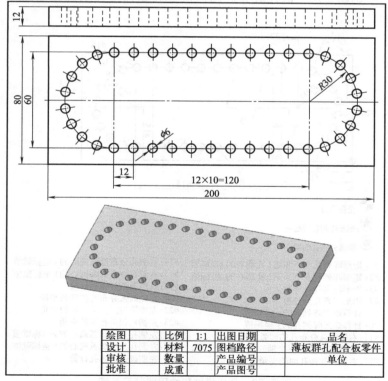

图 5.49　薄板群孔配合板零件

3. 工艺分析和模型

(1) 工艺分析

该零件表面由两组圆周阵列孔和一组矩形阵列孔组成，零件图尺寸标注完整，符合数控加工尺寸标注要求；轮廓描述清楚完整；零件材料为 7075 铝，切削加工性能较好，无热处理和硬度要求。

(2) 毛坯选择

零件材料为 7075 铝，200mm×80mm×12mm 铝块。

(3) 刀具选择

刀具号	刀具规格名称	加工内容	刀具特征	备注
T01	ϕ6mm 钻头	钻孔	HSS	

(4) 几何模型

本例题采用一次性装夹，几何模型和编程路径示意图如图 5.50 所示。

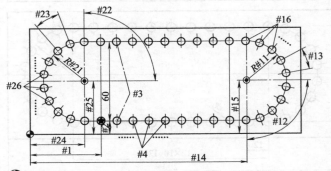

⊕:坐标原点

✪:矩形阵列孔的起点

◉:圆弧分布孔的圆心

#1: 矩形阵列孔左下角第1孔圆心的x坐标值
#2: 矩形阵列孔左下角第1孔圆心的y坐标值
#3: 矩形阵列孔行计数
#4: 矩形阵列孔列计数
#5: 计算矩形阵列孔的x坐标值
#6: 计算矩形阵列孔的y坐标值
#11: 右侧圆弧分布孔的圆弧半径
#12: 右侧第1孔与x正半轴的夹角
#13: 右侧相邻两孔间的夹角

#14: 右侧孔分布圆弧圆心的x坐标赋值
#15: 右侧孔分布圆弧圆心的y坐标赋值
#16: 右侧圆弧分布孔计数
#21: 左侧圆弧分布孔的圆弧半径
#22: 左侧第1孔与x正半轴的夹角
#23: 左侧相邻两孔间的夹角
#24: 左侧孔分布圆弧圆心的x坐标赋值
#25: 左侧孔分布圆弧圆心的y坐标赋值
#26: 左侧圆弧分布孔计数

图 5.50　几何模型和编程路径示意图

（5）数学计算

本例题工件尺寸和坐标值明确，可直接进行编程。

4. 数控程序

开始	G17 G54 G94；	选择平面、坐标系、分钟进给
	T1 M06；	换 1 号钻头
	M03 S2000；	主轴正转、2000r/min
矩形阵列孔	G00Z10；	快速定位到安全平面高度
	G00X0Y0；	取合适位置，定位在工件上方
	#1=[200−120]/2+12；	左下角第一孔圆心的 x 坐标值
	#2=[80−60]/2；	左下角第一孔圆心的 y 坐标值
	#3=1；	行计数器赋初值
	WHILE [#3LE2]DO1；	行加工条件判断
	#4=1；	列计数器赋初值
	WHILE[#4LE9]DO2；	列加工条件判断
	#5=12 * [#4−1]+#1；	计算加工孔的 x 坐标值
	#6=60 * [#3−1]+#2；	计算加工孔的 y 坐标值
	G99 G81 X#5 Y#6 Z−14 R2 F40；	孔加工循环
	G80；	取消固定循环
	#4=#4+1；	列计数器累加
	END2；	循环结束
	#3=#3+1；	行计数器累加
	END1；	循环结束
右侧圆弧分布孔	#11=30；	圆弧分布孔的圆弧半径 R 赋值
	#12=−90；	第 1 孔与 x 正半轴的夹角 α 赋值
	#13=180/9；	相邻两孔间的夹角 β 赋值
	#14=[200−120]/2+120；	孔分布圆弧圆心在工件坐标系下的 x 坐标赋值
	#15=80/2；	孔分布圆弧圆心在工件坐标系下的 y 坐标赋值
	#16=1；	加工孔的计数器赋值

	WHILE[#16LE10]DO1;	加工条件判断
	G68 X#14 Y#15 R[[#16-1]*#13+#12];	坐标旋转设定
右侧圆弧分布孔	G99 G81 X[#11+#14]Y#15 Z-14 R2 F40;	孔加工循环
	G80;	取消固定循环
	G69;	取消坐标旋转
	#16=#16+1;	加工孔计数器累加
	END1;	循环结束
	#21=30;	圆弧分布孔的圆弧半径 R 赋值
	#22=90;	第 1 孔与 x 正半轴的夹角 α 赋值
	#23=180/9;	相邻两孔间的夹角 β 赋值
	#24=[200-120]/2;	孔分布圆弧圆心在工件坐标系下的 x 坐标赋值
	#25=80/2;	孔分布圆弧圆心在工件坐标系下的 y 坐标赋值
	#26=1;	加工孔的计数器赋值
左侧圆弧分布孔	WHILE[#26LE10]DO1;	加工条件判断
	G68 X#24Y#25 R[[#26-1]*#23+#22];	坐标旋转设定
	G99 G81 X[#21+#24]Y#25 Z-14 R2 F40;	孔加工循环
	G80;	取消固定循环
	G69;	取消坐标旋转
	#26=#26+1;	加工孔计数器累加
	END1;	循环结束
	G91 G28 Z0;	刀具在 z 向以增量方式自动返回参考点
	G28 X0 Y0;	刀具在 x 向和 y 向自动返回参考点
结束	G90;	恢复绝对坐标值编程
	M05;	主轴停
	M02;	程序结束

注：也可以使用旋转或镜像指令来完成左右两个圆弧分布孔的编程。

5. 刀具路径及切削验证（图 5.51）

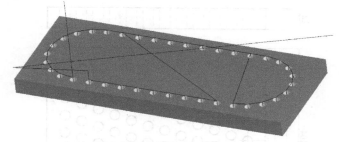

图 5.51　刀具路径及切削验证

十八、斜矩形阵列孔零件

1. 学习目的

① 熟练掌握斜向分布的矩形阵列孔宏程序递变的规律。

② 学会孔中心坐标值、间距、孔间距、孔数的变量设置。

视频演示

③ 充分掌握循环中嵌套循环的使用方法。

④ 知道如何实现斜阵列孔的编程。

⑤ 熟练掌握钻孔的循环。

⑥ 能迅速构建编程所使用的模型。

2. 加工图纸及要求

数控加工如图 5.52 所示的零件，编制其加工的数控程序。

3. 工艺分析和模型

（1）工艺分析

该零件表面由斜向分布的矩形阵列孔组成，零件图尺寸标注完整，符合数控加工尺寸标注要求；轮廓描述清楚完整；零件材料为7075 铝，切削加工性能较好，无热处理和硬度要求。

（2）毛坯选择

零件材料为 7075 铝，125mm×104mm×12mm 铝块。

（3）刀具选择

刀具号	刀具规格名称	加工内容	刀具特征	备注
T01	ϕ6mm 钻头	钻孔	HSS	

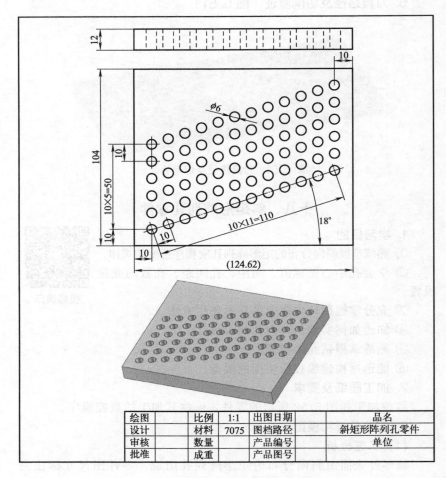

绘图		比例	1:1	出图日期		品名
设计		材料	7075	图档路径		斜矩形阵列孔零件
审核		数量		产品编号		单位
批准		成重		产品图号		

图 5.52　斜矩形阵列孔零件

（4）几何模型

本例题采用斜排孔 y 轴偏移的方法得到平行四边形阵列孔，斜排孔几何模型和变量含义如图 5.53 所示，设工件坐标原点在左下角点。

（5）数学计算

本例题孔的坐标需要通过三角函数计算。

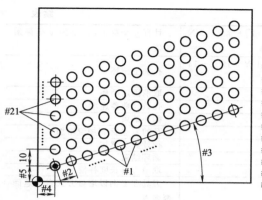

:坐标原点

●:排孔阵列孔的起点
#1: 排孔个数
#2: 排孔间距
#3: 排孔系中心线与x轴的夹角
#4: 左下角第一孔圆心的x坐标值
#5: 左下角第一孔圆心的y坐标值
#0: 列计数器赋初值,即孔数计数器
#11: 计算阵列孔的x坐标值
#12: 计算阵列孔的y坐标值
#21: 孔行数赋值
#22: 阵列孔的y坐标累加值赋初始值
#23: 行计数器赋初值

图 5.53 斜排孔几何模型和变量含义

4. 数控程序

开始	G17 G54 G94;	选择平面、坐标系、分钟进给
	T01 M06;	换 01 号刀
	M03 S2000;	主轴正转、2000r/min
斜矩形阵列孔	G00 X0 Y0;	取合适位置,定位在工件上方
	G43 H01 Z5;	设定长度补偿,z 向初始点高度
	#21＝6;	孔系行数
	#22＝0;	累加值变量,孔的 y 坐标累加值赋初始值
	#23＝1;	行计数器赋初值
	WHILE［#23LE#21］DO1;	行加工条件判断
	#1＝12;	孔个数 N
	#2＝10;	孔间距 L
	#3＝18;	孔系中心线与 x 轴的夹角 α
	#4＝10;	左下角第一孔圆心的 x 坐标值
	#5＝10;	左下角第一孔圆心的 y 坐标值
	#10＝1;	孔数计数器赋初值
	WHILE［#10LE#1］DO2;	加工条件判断
	#11＝［#10－1］* #2 * COS［#3］+ #4;	计算 x 坐标值

斜矩形阵列孔	#12=[#10-1]*#2*SIN[#3]+#5+#22;	计算 y 坐标值，#22 为 y 坐标累加值
	G99 G81 X#11 Y#12 Z-14 R2 F40;	孔加工循环
	G80;	取消固定循环
	#10=#10+1;	孔数计数器递增
	END2;	循环结束
	#22=#22+10;	孔的 y 坐标累加值增加
	#23=#23+1;	行计数器累加
	END1;	循环结束
	G49;	取消刀具长度补偿
结束	G91 G28 Z0;	刀具在 z 向以增量方式自动返回参考点
	G28 X0 Y0;	刀具在 x 向和 y 向自动返回参考点
	G90;	恢复绝对坐标值编程
	G00 Z200;	退刀
	M05;	主轴停

5. 刀具路径及切削验证（图 5.54）

图 5.54 刀具路径及切削验证

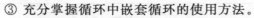

十九、斜矩形阵列群孔零件

1. 学习目的

① 熟练掌握斜矩形阵列孔宏程序递变的规律。

② 学会中心坐标值、行列间距、孔间距、孔数的变量设置。

视频演示

③ 充分掌握循环中嵌套循环的使用方法。

④ 知道如何实现斜阵列孔的编程。

⑤ 熟练掌握旋转指令 G68 宏程序编程的方法。

⑥ 熟练掌握钻孔的循环。

⑦ 能迅速构建编程所使用的模型。

2. 加工图纸及要求

数控加工如图 5.55 所示的零件，编制其加工的数控程序。

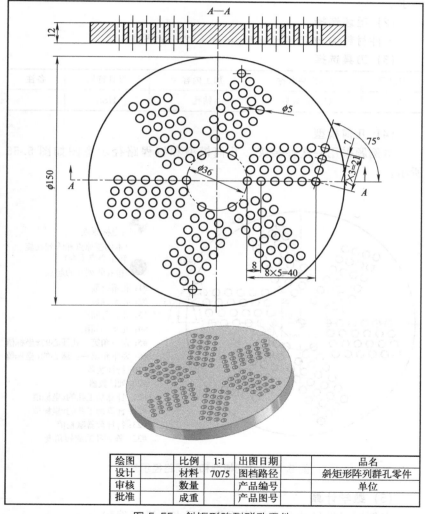

绘图		比例	1:1	出图日期		品名	
设计		材料	7075	图档路径		斜矩形阵列群孔零件	
审核		数量		产品编号		单位	
批准		成重		产品图号			

图 5.55　斜矩形阵列群孔零件

3. 工艺分析和模型

(1) 工艺分析

该零件表面由 6 组斜向分布的矩形阵列孔再次阵列分布构成，零件图尺寸标注完整，符合数控加工尺寸标注要求；轮廓描述清楚完整；零件材料为 7075 铝，切削加工性能较好，无热处理和硬度要求。

(2) 毛坯选择

零件材料为 7075 铝，φ150mm×12mm 圆柱。

(3) 刀具选择

刀具号	刀具规格名称	加工内容	刀具特征	备注
T01	φ5mm 钻头	钻孔	HSS	

(4) 几何模型

本例题采用一次性装夹，几何模型和编程路径示意图如图 5.56 所示。

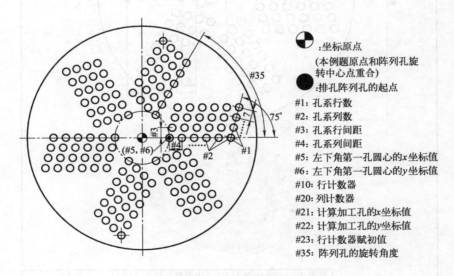

图 5.56 几何模型和编程路径示意图

右侧图例：
- :坐标原点
  (本例题原点和阵列孔旋转中心点重合)
- :排孔阵列孔的起点
- #1: 孔系行数
- #2: 孔系列数
- #3: 孔系行间距
- #4: 孔系列间距
- #5: 左下角第一孔圆心的x坐标值
- #6: 左下角第一孔圆心的y坐标值
- #10: 行计数器
- #20: 列计数器
- #21: 计算加工孔的x坐标值
- #22: 计算加工孔的y坐标值
- #23: 行计数器赋初值
- #35: 阵列孔的旋转角度

(5) 数学计算

本例题工件尺寸和坐标值明确，可直接进行编程。

4. 数控程序

开始	G17 G54 G94；	选择平面、坐标系、分钟进给
	T01 M06；	换 01 号刀
	M03 S2000；	主轴正转、2000r/min
斜矩形阵列群孔	G00 X0 Y0；	取合适位置，定位在工件上方
	G43 H01 Z5；	设定长度补偿，z 向初始点高度
	＃35＝0；	排孔初始角度设置为 0
	N10 G68 X0 Y0 R＃35；	工件坐标轴旋转＃35
	＃1＝4；	孔系行数赋值
	＃2＝6；	孔系列数赋值
	＃3＝SIN75＊7；	孔系行间距赋值
	＃4＝8；	孔系列间距赋值
	＃5＝18；	左下角第一孔圆心的 x 坐标值
	＃6＝0；	左下角第一孔圆心的 y 坐标值
	＃10＝1；	行计数器赋初值
	WHILE［＃10LE＃1］DO1；	行加工条件判断
	＃20＝1；	列计数器赋初值
	WHILE［＃20LE＃2］DO2；	列加工条件判断
	＃21＝＃4＊［＃20－1］＋＃5；	计算加工孔的 x 坐标值
	＃22＝＃3＊［＃10－1］＋＃6；	计算加工孔的 y 坐标值
	G99 G81 X＃21 Y＃22 Z－12 R2 F40；	孔加工循环
	G80；	取消固定循环
	＃20＝＃20＋1；	列计数器累加
	END2；	循环结束
	＃5＝＃5＋COS75＊7；	计算第一行第一个孔圆心的 x 坐标值
	＃10＝＃10＋1；	行计数器累加
	END1；	循环结束
	＃35＝＃35＋360/6；	坐标轴旋转角度均值递增60°
	IF［＃35 LT 360］GOTO 10；	如果坐标轴旋转角度＃35＜360°，则程序跳转到 N10 程序段

斜矩形阵列群孔	G69;	取消坐标轴旋转
	G49;	取消刀具长度补偿
结束	G91 G28 Z0;	刀具在 z 向以增量方式自动返回参考点
	G28 X0 Y0;	刀具在 x 向和 y 向自动返回参考点
	G90;	恢复绝对坐标值编程
	G00 Z200;	退刀
	M05;	主轴停

5. 刀具路径及切削验证（图 5.57）

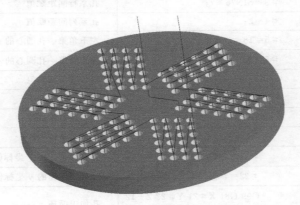

图 5.57　刀具路径及切削验证

二十、圆周阵列排孔零件

1. 学习目的

① 熟练掌握圆角阵列排孔宏程序递变的规律。

② 学会孔中心坐标值、行列间距、孔间距、孔数的变量设置。

视频演示

③ 充分掌握循环中嵌套循环的使用方法。

④ 熟练掌握旋转指令 G68 宏程序编程的方法。

⑤ 熟练掌握钻孔的循环。

⑥ 能迅速构建编程所使用的模型。

2. 加工图纸及要求

数控加工如图 5.58 所示的零件，编制其加工的数控程序。

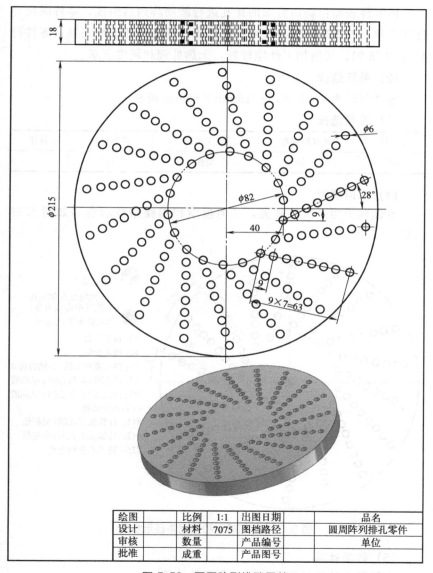

绘图		比例	1:1	出图日期		品名	
设计		材料	7075	图档路径		圆周阵列排孔零件	
审核		数量		产品编号		单位	
批准		成重		产品图号			

图 5.58　圆周阵列排孔零件

3. 工艺分析和模型

(1) 工艺分析

该零件表面由斜向分布的排孔进行圆周阵列后组成，零件图尺寸标注完整，符合数控加工尺寸标注要求；轮廓描述清楚完整；零件材料为 7075 铝，切削加工性能较好，无热处理和硬度要求。

(2) 毛坯选择

零件材料为 7075 铝，ϕ215mm×18mm 圆柱。

(3) 刀具选择

刀具号	刀具规格名称	加工内容	刀具特征	备注
T01	ϕ6mm 钻头	钻孔	HSS	

(4) 几何模型

本例题采用一次性装夹，几何模型和编程路径示意图如图 5.59 所示。

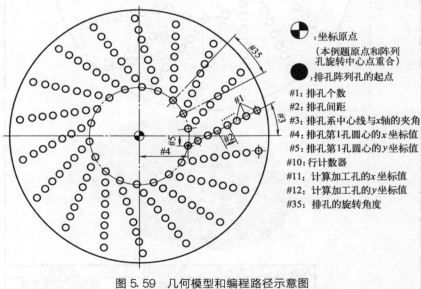

＊：坐标原点
（本例题原点和阵列孔旋转中心点重合）
●：排孔阵列孔的起点
#1：排孔个数
#2：排孔间距
#3：排孔系中心线与 x 轴的夹角
#4：排孔第 1 孔圆心的 x 坐标值
#5：排孔第 1 孔圆心的 y 坐标值
#10：行计数器
#11：计算加工孔的 x 坐标值
#12：计算加工孔的 y 坐标值
#35：排孔的旋转角度

图 5.59 几何模型和编程路径示意图

(5) 数学计算

本例题孔的坐标需要通过三角函数计算。

4. 数控程序

开始	G17 G54 G94;	选择平面、坐标系、分钟进给
	T01 M06;	换 01 号刀
	M03 S2000;	主轴正转、2000r/min
圆周阵列排孔	G00 X0 Y0;	取合适位置,定位在工件上方
	G43 H01 Z10;	设定长度补偿,z 向初始点高度
	#35=0;	排孔初始角度设置为 0
	N10 G68 X0 Y0 R#35;	工件坐标轴旋转#35
	#1=8;	排孔个数
	#2=9;	排孔间距
	#3=28;	排孔系中心线与 x 轴的夹角
	#4=40;	排孔第 1 孔圆心的 x 坐标值
	#5=-9;	排孔第 1 孔圆心的 y 坐标值
	#10=1;	孔数计数器赋初值
	WHILE[#10LE#1]DO1;	加工条件判断
	#11=[#10-1]*#2*COS[#3]+#4;	计算 x 坐标值
	#12=[#10-1]*#2*SIN[#3]+#5;	计算 y 坐标值
	G99 G81 X#11 Y#12 Z-20 R2 F40;	孔加工循环
	G80;	取消固定循环
	#10=#10+1;	孔数计数器递增
	END1;	循环结束
	#35=#35+360/18;	坐标轴旋转角度均值递增(360/18)°
	IF[#35 LT 360] GOTO 10;	如果坐标轴旋转角度#35<360°,则程序跳转到 N10 程序段
	G69;	取消坐标轴旋转
	G49;	取消刀具长度补偿

	G91 G28 Z0;	刀具在 z 向以增量方式自动返回参考点
结束	G28 X0 Y0;	刀具在 x 向和 y 向自动返回参考点
	G90;	恢复绝对坐标值编程
	M05;	主轴停
	M02;	程序结束

5. 刀具路径及切削验证（图 5.60）

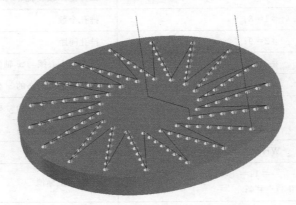

图 5.60　刀具路径及切削验证

二十一、圆周阵列圆弧分布孔零件

1. 学习目的

① 熟练掌握圆周阵列圆弧分布孔宏程序递变的规律。

② 学会孔中心坐标值、行列间距、孔间距、孔数的变量设置。

视频演示

③ 充分掌握循环中嵌套循环的使用方法。

④ 熟练掌握旋转指令 G68 宏程序编程的方法。

⑤ 熟练掌握钻孔的循环。

⑥ 能迅速构建编程所使用的模型。

2. 加工图纸及要求

数控加工如图 5.61 所示的零件，编制其加工的数控程序。

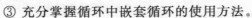

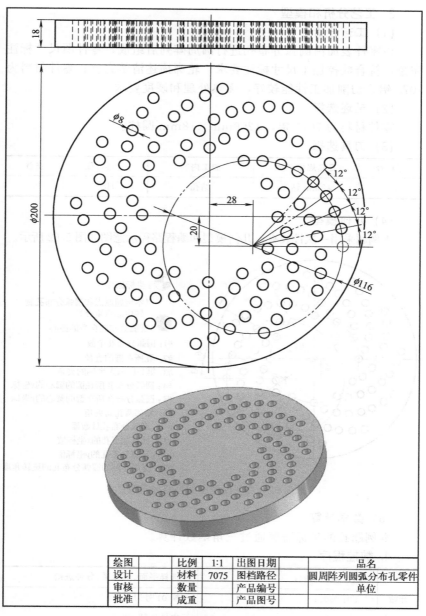

图 5.61　圆周阵列圆弧分布孔零件

3. 工艺分析和模型

(1) 工艺分析

该零件表面由圆弧分布孔进行圆周阵列后组成，零件图尺寸标注完整，符合数控加工尺寸标注要求；轮廓描述清楚完整；零件材料为7075 铝，切削加工性能较好，无热处理和硬度要求。

(2) 毛坯选择

零件材料为 7075 铝，$\phi 200mm \times 18mm$ 圆柱。

(3) 刀具选择

刀具号	刀具规格名称	加工内容	刀具特征	备注
T01	$\phi 8mm$ 钻头	钻孔	HSS	

(4) 几何模型

本例题采用一次性装夹，几何模型和编程路径示意图如图 5.62 所示。

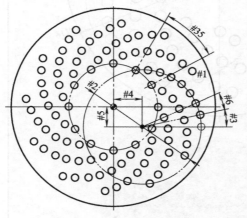

：坐标原点
（本例题原点和圆弧分布孔旋转中心点重合）
：圆弧分布孔自身的圆心
#1：圆弧分布孔个数
#2：孔所在圆的直径
#3：第1孔与x正半轴的夹角
#4：圆弧分布孔所在圆的圆心的x坐标
#5：圆弧分布孔所在圆的圆心的y坐标
#6：相邻两孔间夹角
#10：圆弧分布孔计数器
#11：计算加工孔的x坐标值
#12：计算加工孔的y坐标值
#35：圆周阵列的圆弧分布孔的旋转角度

图 5.62 几何模型和编程路径示意图

(5) 数学计算

本例题孔的坐标需要通过三角函数计算。

4. 数控程序

	G17 G54 G94；	选择平面、坐标系、分钟进给
开始	T01 M06；	换 01 号刀
	M03 S2000；	主轴正转、2000r/min

	G0 X0 Y0；	快速定位
	G0 Z5；	快速下刀
	＃35＝0；	初始角度设置为 0
	N10 G68 X0 Y0 R＃35；	工件坐标轴旋转＃35
	＃1＝8；	圆弧分布孔个数赋值
	＃2＝116；	孔所在圆的直径赋值
	＃3＝12；	第 1 孔与 x 正半轴的夹角赋值
	＃4＝28；	圆弧分布孔所在圆的圆心的 x 坐标
	＃5＝－10；	圆弧分布孔所在圆的圆心的 y 坐标
	＃6＝12；	计算相邻两孔间夹角
	＃10＝1；	圆弧分布孔计数器赋值
圆周阵列圆弧分布孔	WHILE[＃10LE＃1]DO1；	加工条件判断
	＃11＝＃2＊0.5＊COS[[＃10－1]＊＃6＋＃3]＋＃4；	计算加工孔的 x 坐标值
	＃12＝＃2＊0.5＊SIN[[＃10－1]＊＃6＋＃3]＋＃5；	计算加工孔的 y 坐标值
	G99 G81 X＃11 Y＃12 Z－20 R2 F40；	孔加工循环
	G80；	取消固定循环
	＃10＝＃10＋1；	圆弧分布孔计数器累加
	END1；	循环结束
	＃35＝＃35＋360/12；	坐标轴旋转角度均值递增（360/12）°
	IF［＃35 LT 360］GOTO 10；	如果坐标轴旋转角度＃35＜360°，则程序跳转到 N10 程序段
	G69；	取消坐标轴旋转
结束	G91 G28 Z0；	刀具在 z 向以增量方式自动返回参考点
	G28 X0 Y0；	刀具在 x 向和 y 向自动返回参考点
	G90；	恢复绝对坐标值编程
	M05；	主轴停
	M02；	程序结束

5. 刀具路径及切削验证（图 5.63）

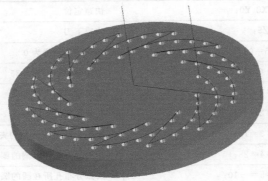

图 5.63　刀具路径及切削验证

二十二、等角度圆周阵列孔零件

1. 学习目的

① 熟练掌握等角度圆周阵列孔宏程序递变的规律。

② 学会孔中心坐标值、轴线角度、孔间距、孔数的变量设置。

③ 熟练掌握旋转指令 G68 宏程序编程的方法。

视频演示

④ 熟练掌握钻孔的循环。

⑤ 能迅速构建编程所使用的模型。

2. 加工图纸及要求

数控加工如图 5.64 所示的零件，编制其加工的数控程序。

3. 工艺分析和模型

（1）工艺分析

该零件表面由三组等角度圆周阵列孔组成，零件图尺寸标注完整，符合数控加工尺寸标注要求；轮廓描述清楚完整；零件材料为 7075 铝，切削加工性能较好，无热处理和硬度要求。

（2）毛坯选择

零件材料为 7075 铝，φ120mm×18mm 圆柱。

（3）刀具选择

刀具号	刀具规格名称	加工内容	刀具特征	备注
T01	φ6mm 钻头	钻孔	HSS	

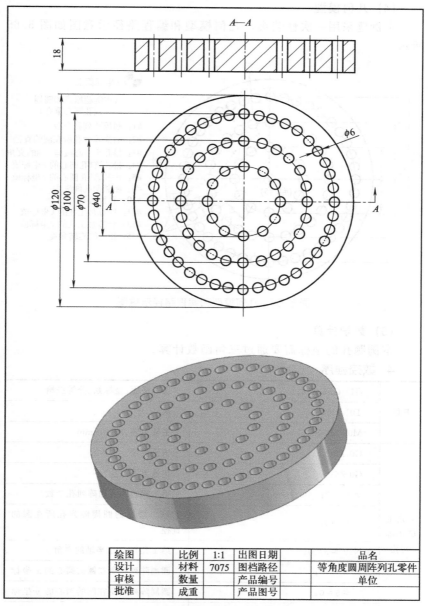

绘图		比例	1:1	出图日期		品名	
设计		材料	7075	图档路径		等角度圆周阵列孔零件	
审核		数量		产品编号		单位	
批准		成重		产品图号			

图 5.64　等角度圆周阵列孔零件

（4）几何模型

本例题采用一次性装夹，几何模型和编程路径示意图如图 5.65 所示。

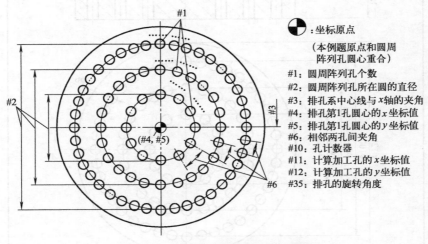

：坐标原点

（本例题原点和圆周阵列孔圆心重合）

#1：圆周阵列孔个数
#2：圆周阵列孔所在圆的直径
#3：排孔系中心线与 x 轴的夹角
#4：排孔第1孔圆心的 x 坐标值
#5：排孔第1孔圆心的 y 坐标值
#6：相邻两孔间夹角
#10：孔计数器
#11：计算加工孔的 x 坐标值
#12：计算加工孔的 y 坐标值
#35：排孔的旋转角度

图 5.65　几何模型和编程路径示意图

（5）数学计算

本例题孔的坐标需要通过三角函数计算。

4. 数控程序

	G17 G54 G94；	选择平面、坐标系、分钟进给
开始	T01 M06；	换 01 号刀
	M03 S2000；	主轴正转、2000r/min
等角度圆周阵列孔	G0 X0 Y0；	快速定位
	G0 Z5；	快速下刀
	＃1＝12；	第 1 圈圆的圆周阵列孔个数
	＃2＝40；	第 1 圈圆的圆周阵列孔所在圆的直径
	N10 ＃3＝0；	第 1 孔与 x 正半轴的夹角
	＃4＝0；	圆周阵列孔所在圆的圆心的 x 坐标
	＃5＝0；	圆周阵列孔所在圆的圆心的 y 坐标
	＃6＝360/＃1；	计算相邻两孔间夹角

	♯10＝1；	加工孔计数器赋值
	WHILE[♯10LE♯1]DO1；	加工条件判断
	♯11＝♯2＊0.5＊COS[[♯10－1]＊♯6＋♯3]＋♯4；	计算加工孔的 x 坐标值
	♯12＝♯2＊0.5＊SIN[[♯10－1]＊♯6＋♯3]＋♯5；	计算加工孔的 y 坐标值
	G99 G81 X♯11 Y♯12 Z－15 R2 F40；	孔加工循环
	G80；	取消固定循环
等角度圆周阵列孔	♯10＝♯10＋1；	加工孔计数器累加
	END1；	循环结束
	IF［♯1EQ24］GOTO 20；	孔个数＝24 跳转到 N20 程序段，否则顺序执行
	IF［♯1EQ40］GOTO 30；	孔个数＝40 跳转到 N30 程序段，否则顺序执行
	♯1＝24；	第 2 圈圆的圆周阵列孔个数赋值
	♯2＝70；	第 2 圈圆的孔所在圆的直径赋值
	IF［♯1EQ24］GOTO 10；	孔个数＝24 跳转到 N10 程序段
	N20 ♯1＝40；	第 3 圈圆的圆周阵列孔个数赋值
	♯2＝100；	第 3 圈圆的孔所在圆的直径赋值
	IF［♯1EQ40］GOTO 10；	孔个数＝40 跳转到 N10 程序段
结束	N30 G91 G28 Z0；	刀具在 z 向以增量方式自动返回参考点
	G28 X0 Y0；	刀具在 x 向和 y 向自动返回参考点
	G90；	恢复绝对坐标值编程
	M05；	主轴停
	M02；	程序结束

5. 刀具路径及切削验证（图 5.66）

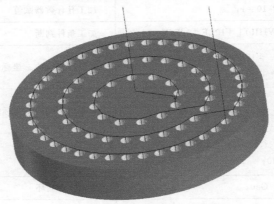

图 5.66　刀具路径及切削验证

二十三、圆周阵列孔板件零件

1. 学习目的

① 熟练掌握圆周阵列孔组宏程序递变的规律。

② 学会孔中心坐标值、轴线角度、孔间距、孔数的变量设置。

视频演示

③ 熟练掌握旋转指令 G68 宏程序编程的方法。

④ 熟练掌握钻孔的循环。

⑤ 能迅速构建编程所使用的模型。

2. 加工图纸及要求

数控加工如图 5.67 所示的零件，编制其加工的数控程序。

3. 工艺分析和模型

（1）工艺分析

该零件表面由多组圆周阵列孔，沿角落分布组成，零件图尺寸标注完整，符合数控加工尺寸标注要求；轮廓描述清楚完整；零件材料为 7075 铝，切削加工性能较好，无热处理和硬度要求。

（2）毛坯选择

零件材料为 7075 铝，100mm×100mm×12mm 铝块。

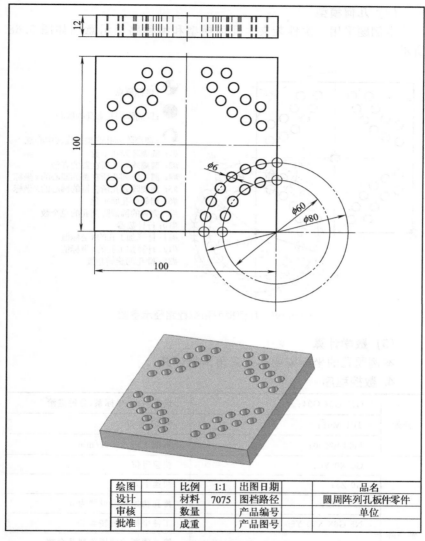

绘图		比例	1:1	出图日期		品名	
设计		材料	7075	图档路径		圆周阵列孔板件零件	
审核		数量		产品编号		单位	
批准		成重		产品图号			

图 5.67　圆周阵列孔板件零件

(3) 刀具选择

刀具号	刀具规格名称	加工内容	刀具特征	备注
T01	φ6mm 钻头	钻孔	HSS	

(4) 几何模型

本例题采用一次性装夹，几何模型和编程路径示意图如图 5.68 所示。

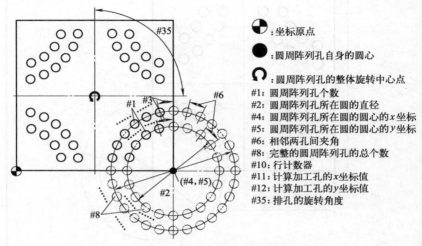

🎱：坐标原点

⬤：圆周阵列孔自身的圆心

Ω：圆周阵列孔的整体旋转中心点

#1：圆周阵列孔个数

#2：圆周阵列孔所在圆的直径

#4：圆周阵列孔所在圆的圆心的 x 坐标

#5：圆周阵列孔所在圆的圆心的 y 坐标

#6：相邻两孔间夹角

#8：完整的圆周阵列孔的总个数

#10：行计数器

#11：计算加工孔的 x 坐标值

#12：计算加工孔的 y 坐标值

#35：排孔的旋转角度

图 5.68　几何模型和编程路径示意图

(5) 数学计算

本例题孔的坐标需要通过三角函数计算。

4. 数控程序

开始	G17 G54 G94；	选择平面、坐标系、分钟进给
	T01 M06；	换 01 号刀
	M03 S2000；	主轴正转、2000r/min
圆周阵列孔板	G0 X0 Y0；	快速定位
	G0 Z5；	快速下刀
	＃35＝0；	排孔初始角度设置为 0
	N5 G68 X50 Y50 R＃35；	工件坐标轴旋转＃35
	＃1＝4；	第 1 圈圆的圆周阵列孔个数
	＃2＝60；	第 1 圈圆的圆周阵列孔所在圆的直径
	＃8＝20；	第 1 圈圆的孔的总数
	N10 ＃3＝360／＃8＋90；	第 1 孔与 x 正半轴的夹角赋值

	#4＝100；	圆周阵列孔所在圆的圆心的 x 坐标
	#5＝0；	圆周阵列孔所在圆的圆心的 y 坐标
	#6＝360/#8；	计算相邻两孔间夹角
	#10＝1；	加工孔计数器赋值
	WHILE［#10LE#1］DO1；	加工条件判断
	#11＝#2＊0.5＊COS［［#10－1］＊#6＋#3］＋#4；	计算加工孔的 x 坐标值
	#12＝#2＊0.5＊SIN［［#10－1］＊#6＋#3］＋#5；	计算加工孔的 y 坐标值
	G99 G81 X#11 Y#12 Z－15 R2 F40；	孔加工循环
	G80；	取消固定循环
圆周阵列孔板	#10＝#10＋1；	加工孔计数器累加
	END1；	循环结束
	IF［#1EQ6］GOTO 20；	孔个数＝6跳转到N20程序段，否则顺序执行，通过此行来控制是否执行第2圈圆的参数
	#1＝6；	第2圈圆的圆周阵列孔个数
	#2＝80；	第2圈圆的孔所在圆的直径
	#8＝28；	第2圈圆的孔的总数
	IF［#1EQ6］GOTO 10；	孔个数＝6跳转到N10程序段，否则顺序执行
	N20 G00Z5；	抬刀
	#35＝#35＋360/4；	坐标轴旋转角度均值递增90°
	IF［#35LT360］GOTO 5；	如果坐标轴旋转角度#35＜360°，则程序跳转到N5程序段
	G69；	取消坐标轴旋转
结束	G91 G28 Z0；	刀具在 z 向以增量方式自动返回参考点
	G28 X0 Y0；	刀具在 x 向和 y 向自动返回参考点
	G90；	恢复绝对坐标值编程
	M05；	主轴停
	M02；	程序结束

5. 刀具路径及切削验证（图 5.69）

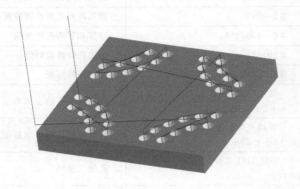

图 5.69　刀具路径及切削验证

二十四、圆周定型件板件

1. 学习目的

视频演示

① 熟练掌握该板件内孔的宏程序递变的规律。

② 学会孔中心坐标值、轴线角度、孔间距、孔数的变量设置。

③ 熟练掌握旋转指令 G68 宏程序编程的方法。

④ 熟练掌握钻孔的循环。

⑤ 能迅速构建编程所使用的模型。

2. 加工图纸及要求

数控加工如图 5.70 所示的零件，编制其加工的数控程序。

3. 工艺分析和模型

（1）工艺分析

该零件表面由两组圆周阵列孔组成，零件图尺寸标注完整，符合数控加工尺寸标注要求；轮廓描述清楚完整；零件材料为 7075 铝，切削加工性能较好，无热处理和硬度要求。

（2）毛坯选择

零件材料为 7075 铝，175mm×95mm×12mm 铝块。

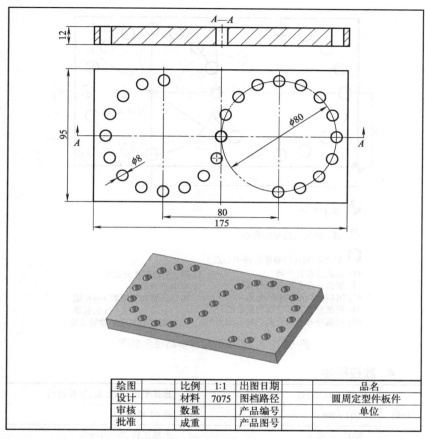

图 5.70　圆周定型件板件

（3）刀具选择

刀具号	刀具规格名称	加工内容	刀具特征	备注
T01	φ8mm 钻头	钻孔	HSS	

（4）几何模型

本例题采用一次性装夹，几何模型和编程路径示意图如图 5.71 所示。

（5）数学计算

本例题孔的坐标需要通过三角函数计算。

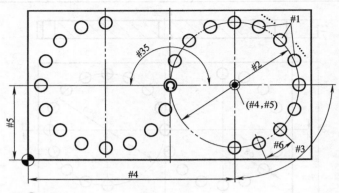

 :坐标原点

 :圆周阵列孔自身的圆心

Ω :圆周阵列孔的整体旋转中心点

#1:圆弧分布孔个数　　　　　　　　　　#6:相邻两孔间夹角
#2:圆弧分布孔所在圆的直径　　　　　　#10:行计数器
#3:第1孔与x正半轴的夹角　　　　　　　#11:计算加工孔的x坐标值
#4:圆弧分布孔所在圆的圆心的x坐标　　#12:计算加工孔的y坐标值
#5:圆弧分布孔所在圆的圆心的y坐标　　#35:圆弧分布孔的旋转角度

图 5.71　几何模型和编程路径示意图

4. 数控程序

开始	G17 G54 G94；	选择平面、坐标系、分钟进给
	T01 M06；	换 01 号刀
	M03 S2000；	主轴正转、2000r/min
圆周 定型孔	G0 X0 Y0；	快速定位
	G0 Z5；	快速下刀
	#35＝0；	旋转角度初始值为 0
	#1＝13；	右侧圆的圆周阵列孔个数
	N10 G68 X87.5 Y47.5 R#35；	工件坐标轴旋转#35
	#2＝80；	第 1 圈圆的孔所在圆的直径
	#3＝－90；	第 1 孔与 x 正半轴的夹角
	#4＝127.5；	圆弧分布孔所在圆的圆心的 x 坐标
	#5＝47.5；	圆弧分布孔所在圆的圆心的 y 坐标

	#6＝360/16;	计算相邻两孔间夹角
圆周定型孔	#10＝1;	加工孔计数器赋值
	WHILE[#10LE#1]DO1;	加工条件判断
	#11＝#2＊0.5＊COS[[#10－1]＊#6＋#3]＋#4;	计算加工孔的 x 坐标值
	#12＝#2＊0.5＊SIN[[#10－1]＊#6＋#3]＋#5;	计算加工孔的 y 坐标值
	G99 G81 X#11 Y#12 Z－15 R2 F40;	孔加工循环
	G80;	取消固定循环
	#10＝#10＋1;	加工孔计数器累加
	END1;	循环结束
	#35＝#35＋180;	坐标轴旋转角度均值递增180°
	#1＝#1－1;	左侧的阵列孔少加工一个重叠的孔
	IF[#35LE180] GOTO 10;	如果坐标轴旋转角度#35≤180°，则程序跳转到 N10 程序段
	G69;	取消坐标轴旋转
结束	G91 G28 Z0;	刀具在 z 向以增量方式自动返回参考点
	G28 X0 Y0;	刀具在 x 向和 y 向自动返回参考点
	G90;	恢复绝对坐标值编程
	M05;	主轴停
	M02;	程序结束

5. 刀具路径及切削验证（图 5.72）

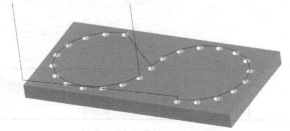

图 5.72 刀具路径及切削验证

二十五、特型孔板件零件

1. 学习目的

视频演示

① 熟练掌握特型孔和槽宏程序递变的规律。

② 学会孔中心坐标值、轴线角度、孔间距、孔数的变量设置。

③ 熟练掌握圆弧孔组递增的宏程序编程的方法。

④ 熟练掌握钻孔的循环。

⑤ 能迅速构建编程所使用的模型。

2. 加工图纸及要求

数控加工如图 5.73 所示的零件，编制其加工的数控程序。

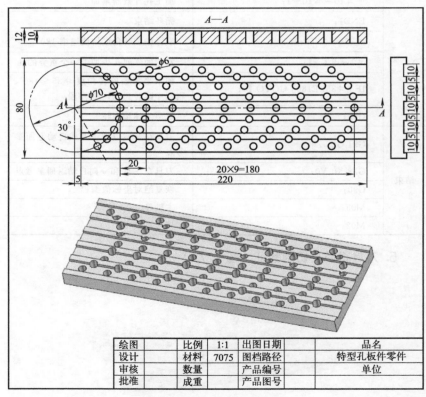

图 5.73 特型孔板件零件

3. 工艺分析和模型

(1) 工艺分析

该零件表面由直线分布的多组圆弧分布孔组成，零件图尺寸标注完整，符合数控加工尺寸标注要求；轮廓描述清楚完整；零件材料为7075铝，切削加工性能较好，无热处理和硬度要求。

(2) 毛坯选择

零件材料为7075铝，220mm×80mm×12mm铝块。

(3) 刀具选择

刀具号	刀具规格名称	加工内容	刀具特征	备注
T01	φ6mm 钻头	钻孔	HSS	
T02	φ10mm 平底刀	直槽区域	HSS	

(4) 几何模型

本例题采用一次性装夹，几何模型和编程路径示意图如图 5.74 所示。

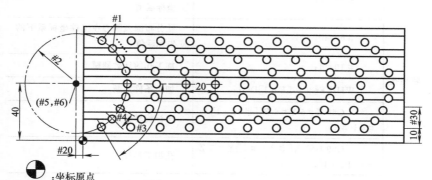

●:坐标原点

●:圆周阵列孔自身的圆心

#1：圆弧分布孔个数
#2：圆弧分布孔所在圆的半径
#3：第1孔与x正半轴的夹角
#4：相邻两孔间夹角
#5：圆弧分布孔所在圆的圆心的x坐标

#6：圆弧分布孔所在圆的圆心的y坐标
#10：行计数器
#11：计算加工孔的x坐标值
#12：计算加工孔的y坐标值
#20：孔分布圆弧圆心x轴的值
#30：直槽的y向位置判断

图 5.74　几何模型和编程路径示意图

(5) 数学计算

本例题工件尺寸和坐标值明确，可直接进行编程。

4. 数控程序

	G17 G54 G94;	选择平面、坐标系、分钟进给
开始	T01 M06;	换 01 号钻头
	M03 S2000;	主轴正转、2000r/min
	G0 X0 Y0;	快速定位
	G0 Z50;	快速下刀
	#20=−5;	用变量设置孔分布圆弧圆心 x 轴的初始值
	N10 #1=9;	孔系中孔的个数赋值
	#2=35;	圆弧分布孔的圆弧半径赋值
	#3=−60;	第 1 孔与 x 正半轴的夹角赋值
	#4=15;	相邻两孔间的夹角赋值
	#5=#20;	孔分布圆弧圆心在工件坐标系下的 x 坐标赋值
	#6=40;	孔分布圆弧圆心在工件坐标系下的 y 坐标赋值
特型孔	#10=1;	加工孔的计数器赋值
	WHILE[#10LE#1]DO1;	加工条件判断
	G68 X#5 Y#6 R[[#10−1] * #4+#3];	坐标旋转设定
	G99 G81 X[#2+#5]Y#6 Z −14 R2 F40;	孔加工循环
	G80;	取消固定循环
	G69;	取消坐标旋转
	#10=#10+1;	加工孔计数器累加
	END1;	循环结束
	#20=#20+20;	圆弧分布孔向右偏移 20
	IF [#20LE175] GOTO 10;	如果孔分布圆弧圆心 x 轴的值#20≤175,则程序跳转到 N10 程序段
	G00 Z100;	抬刀

	T02 M06；	换 02 号刀
	#30＝10；	直槽 y 向位置赋初值
	G00 X－15 Y#30；	定位
	Z5；	快速下刀
直槽	N20 G00 X－15 Y#30；	循环内定位
	G01 Z－2 F30；	进给下刀
	X235 F300；	铣削直槽
	G00 Z2；	抬刀
	#30＝#30＋15；	计算 y 方向加工位置
	IF［#30LE70］GOTO 20；	条件判定语句
	G91 G28 Z0；	刀具在 z 向以增量方式自动返回参考点
结束	G28 X0 Y0；	刀具在 x 向和 y 向自动返回参考点
	G90；	恢复绝对坐标值编程
	G00 Z200；	退刀

5. 刀具路径及切削验证（图 5.75）

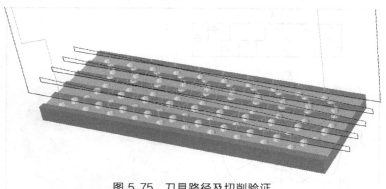

图 5.75　刀具路径及切削验证

第六章
铣削综合加工

一、联轴配合定位零件

1. 学习目的

① 思考加工轮廓的起点如何选择。

② 学会对整体宏程序编程加工的方法。

③ 熟练掌握型腔范围的设定，学会刀具补偿编程的方法。

视频演示

④ 掌握多层加工深度的编程。

⑤ 熟练掌握旋转指令 G68 宏程序编程的方法。

⑥ 能迅速构建编程所使用的模型。

2. 加工图纸及要求

数控加工如图 6.1 所示的零件，编制其加工的数控程序。

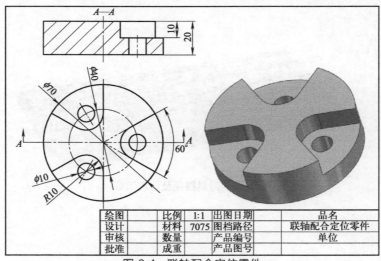

绘图		比例	1:1	出图日期		品名	
设计		材料	7075	图档路径		联轴配合定位零件	
审核		数量		产品编号		单位	
批准		成重		产品图号			

图 6.1 联轴配合定位零件

3. 工艺分析和模型

(1) 工艺分析

该零件表面由阵列分布的型腔和孔等组成，零件图尺寸标注完整，符合数控加工尺寸标注要求；轮廓描述清楚完整；零件材料为7075 铝，切削加工性能较好，无热处理和硬度要求。

(2) 毛坯选择

零件材料为 7075 铝，$\phi70\text{mm} \times 20\text{mm}$ 圆柱。

(3) 刀具选择

刀具号	刀具规格名称	加工内容	刀具特征	备注
T01	$\phi10\text{mm}$ 平底刀	型腔区域	HSS	

(4) 几何模型

本例题采用一次性装夹，几何模型和编程路径示意图如图 6.2 所示。

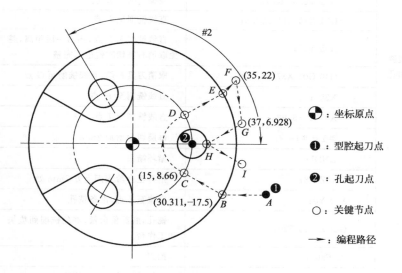

图 6.2　几何模型和编程路径示意图

(5) 数学计算

本例题工件尺寸和坐标值明确，可直接进行编程。

4. 数控程序

开始	G17 G54 G94;	选择平面、坐标系、分钟进给
	T01 D01;	换 01 号刀
	M03 S2000;	主轴正转、2000r/min
型腔和孔	G00 X45 Y−17.5;	定位至台阶下方的右侧
	G00 Z5;	快速下刀
	♯2=0;	旋转角度
	N10 G68 X0 Y0 R♯2;	工件坐标轴旋转♯2
	♯1=2;	台阶深度
	WHILE[♯1LE10] DO1;	加工条件判断
	G00 X45 Y−17.5;	定位至 A 点,台阶下方的右侧,此步给循环使用
	G01 Z−♯1 F80;	进给下刀,至−3mm 深度
	G42 G01 X30.311 Y−17.5 F300;	刀具右补偿,直线铣削至 B 点
	X15 Y−8.66;	直线铣削至 C 点
	G02 Y8.66 R10;	圆弧铣削至 D 点
	G01 X30.311 Y17.5;	直线铣削至 E 点
	X35 Y22;	直线铣削至 F 点,拐出一段距离,避免取消右补偿时铣削不完整
	G40 G01 X37 Y6.928;	取消刀具补偿,直线铣削至 G 点
	X25 Y0;	直线铣削至 H 点
	X37 Y−6.928;	直线铣削至 I 点
	♯1=♯1+2;	每层切深增加 2mm
	END1;	循环结束
	G00 Z−8;	抬刀至台阶表面上方 2mm 处
	X20 Y0;	定位至 I 点,准备铣孔
	G01 Z−19 F20;	铣孔,底部留余量,避免铣削到垫块和工作台
	Z2 F500;	抬刀
	♯2=♯2+360/3;	坐标轴旋转角度均值递增(360/3°)
	IF[♯2LT360] GOTO 10;	如果坐标轴旋转角度♯2<360°,则程序跳转到 N10 程序段
	G69;	取消坐标轴旋转

	G91 G28 Z0；	刀具在 z 向以增量方式自动返回参考点
结束	G28 X0 Y0；	刀具在 x 向和 y 向自动返回参考点
	G90；	恢复绝对坐标值编程
	M05；	主轴停
	M02；	程序结束

5. 刀具路径及切削验证（图 6.3）

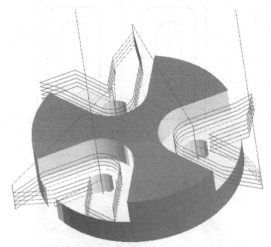

图 6.3　刀具路径及切削验证

二、复合模块定位零件

1. 学习目的

① 思考加工轮廓的起点如何选择。

② 学会对整体宏程序编程加工的方法。

③ 熟练掌握型腔范围的设定，学会刀具补偿编程的方法。

视频演示

④ 掌握多层加工深度的编程。

⑤ 熟练掌握镜像指令 G51.1 宏程序编程的方法。

⑥ 能迅速构建编程所使用的模型。

2. 加工图纸及要求

数控加工如图 6.4 所示的零件，编制其加工的数控程序。

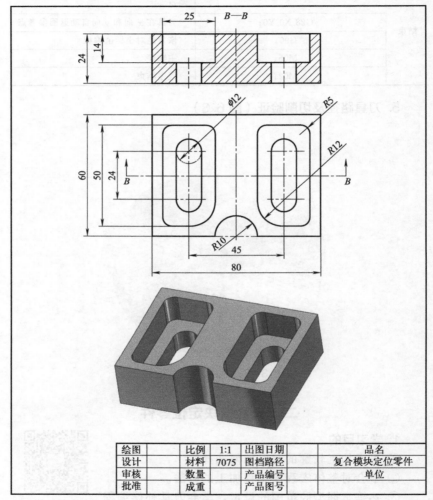

绘图		比例	1:1	出图日期		品名	
设计		材料	7075	图档路径		复合模块定位零件	
审核		数量		产品编号		单位	
批准		成重		产品图号			

图 6.4　复合模块定位零件

3. 工艺分析和模型

(1) 工艺分析

该零件表面由一组对称的矩形槽和一个开口半圆区域组成，零件图尺寸标注完整，符合数控加工尺寸标注要求；轮廓描述清楚完整；零件材料为 7075 铝，切削加工性能较好，无热处理和硬度要求。

（2）毛坯选择

零件材料为 7075 铝，80mm×60mm×24mm 铝块。

（3）刀具选择

刀具号	刀具规格名称	加工内容	刀具特征	备注
T01	φ10mm 平底刀	型腔区域	HSS	

（4）几何模型

本例题采用一次性装夹，几何模型和编程路径示意图如图 6.5 所示。

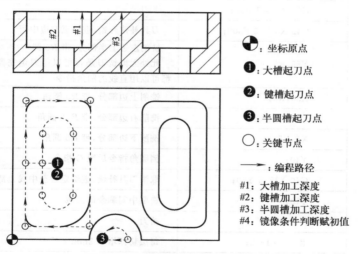

图 6.5　几何模型和编程路径示意图

（5）数学计算

本例题工件尺寸和坐标值明确，可直接进行编程。

4. 数控程序

开始	G17 G54 G94；	选择平面、坐标系、分钟进给
	T01 D01；	换 01 号刀
	M03 S2000；	主轴正转、2000r/min

	G00 X40 Y30;	定位在正方形起点上方
	G43 Z5 H01;	建立刀具长度补偿
	♯4＝0;	镜像条件判断赋初值
	IF［♯4EQ0］GOTO 20;	镜像条件判断
	N10 G51.1 X40;	沿 X40 的直线镜像
	N20 G00 X17.5 Y30;	定位
	G00 Z5;	快速降刀
	♯1＝2;	加工深度赋初值
	WHILE［♯1LE14］DO1;	加工条件判断
	G00 X17.5 Y30;	定位大槽的中心位置
	G01 Z－♯1 F80;	下刀
	G42 X5 Y30 F300;	刀具补偿开始，进给至左边中间
大槽	Y55,R5;	铣削左边上半部分，带 R5 圆角 此处无论铣刀是否可以一刀走完圆角，都可以用直线的圆角指令
	X30,R5;	铣削上边部分，带 R5 圆角
	Y5,R12;	铣削右边部分，带 R12 圆角
	X5,R5;	铣削下边部分，带 R5 圆角
	Y40;	倒圆角指令后跟 G 指令
	G40 X17.5 Y50;	取消刀具补偿，进给定位至中线上部
	Y10;	铣削中间剩余的区域
	G00 Z2;	抬刀
	♯1＝♯1＋2;	每层切深增加 2mm
	END1;	循环结束
键槽	♯2＝14＋2;	加工深度赋初值，从已经加工过的深度考虑
	G00 Z－10;	快速降刀
	WHILE［♯2LE24］DO2;	加工条件判断
	G00 X17.5 Y30;	定位腰槽的中心位置
	G01Z－♯2 F80;	下刀

	X16.5 F300；	进给至左边中间
	Y42；	铣削左边上半部分
	G02 X18.5 R1；	铣削半圆
	G01 Y18；	向下铣削
	G02 X16.5 R1；	铣削半圆
	G01 Y30；	进给至左边中间
	G00 Z－12；	抬刀
键槽	＃2＝＃2＋2；	每层切深增加2mm
	END2；	循环结束
	G00 Z2；	抬刀
	＃4＝＃4＋1；	镜像条件增加1
	IF［＃4EQ1］GOTO 10；	如果镜像变量＝1,则返回N10镜像加工程序
	G50.1；	取消镜像
	＃3＝2；	加工深度赋初值
	WHILE［＃3LE24］DO3；	加工条件判断
	G00 X35 Y0；	定位在半圆起点上方
	G01Z－＃3 F80；	下刀
半圆槽	G02 X45 R5；	铣削半圆
	G01 X35；	进给至起点
	＃3＝＃3＋2；	每层切深增加2mm
	END3；	循环结束
	G00 Z2；	抬刀
	G49；	取消刀具长度补偿
	G91 G28 Z0；	刀具在z向以增量方式自动返回参考点
	G28 X0 Y0；	刀具在x向和y向自动返回参考点
结束	G90；	恢复绝对坐标值编程
	M05；	主轴停
	M02；	程序结束

5. 刀具路径及切削验证（图6.6）

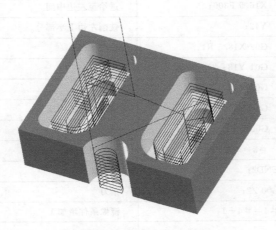

图6.6　刀具路径及切削验证

三、轴销固定配合零件

1. 学习目的

① 思考加工轮廓的起点如何选择。

② 学会对整体宏程序编程加工的方法。

③ 熟练掌握型腔范围的设定。

④ 掌握多层加工深度的编程。

⑤ 能迅速构建编程所使用的模型。

视频演示

2. 加工图纸及要求

数控加工如图6.7所示的零件，编制其加工的数控程序。

3. 工艺分析和模型

（1）工艺分析

该零件表面由一块较深的台阶和深孔组成，零件图尺寸标注完整，符合数控加工尺寸标注要求；轮廓描述清楚完整；零件材料为7075铝，切削加工性能较好，无热处理和硬度要求。

（2）毛坯选择

零件材料为7075铝，ϕ100mm×56mm 圆柱。

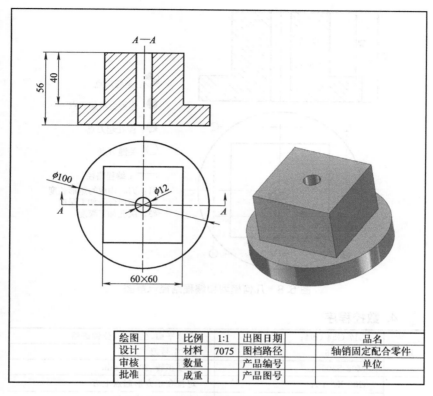

图 6.7 轴销固定配合零件

(3) 刀具选择

刀具号	刀具规格名称	加工内容	刀具特征	备注
T01	ϕ20mm 平底刀	型腔区域	HSS	
T02	ϕ12mm 钻头	钻孔	HSS	

(4) 几何模型

本例题采用一次性装夹，几何模型和编程路径示意图如图 6.8 所示。

(5) 数学计算

本例题工件尺寸和坐标值明确，可直接进行编程。

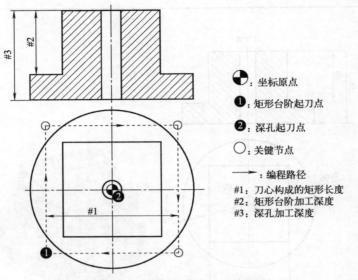

图 6.8　几何模型和编程路径示意图

图中图例：
● ：坐标原点
❶ ：矩形台阶起刀点
❷ ：深孔起刀点
○ ：关键节点
→ ：编程路径
#1：刀心构成的矩形长度
#2：矩形台阶加工深度
#3：深孔加工深度

4. 数控程序

开始	G17 G54 G94；	选择平面、坐标系、分钟进给
	T01 M06；	换 01 号刀
	M03 S2000；	主轴正转、2000r/min
矩形台阶	G00 X0 Y0；	定位在正方形起点上方
	G43 Z5 H01；	建立刀具长度补偿
	＃2＝2；	加工深度赋初值
	WHILE［＃2LE40］DO1；	加工条件判断
	＃1＝60＋20；	刀心构成的矩形长度，图示的虚线位置
	G00 X－＃1/2 Y－＃1/2；	定位在正方形起点上方
	G01 Z－＃2 F80；	下刀到加工平面
	G01 Y＃1/2 F300；	向上走刀
	X＃1/2；	向右走刀
	Y－＃1/2；	向下走刀
	X－＃1/2；	向左走刀
	Z2；	抬刀
	＃2＝＃2＋2；	每层切深增加 2mm
	END1；	循环结束
	G00 Z2；	抬刀

深孔	T02 M06;	换 02 号钻头
	G00 X0 Y0;	定位在正方形起点上方
	#3＝3;	加工 z 坐标值赋值
	WHILE［# 3LT 56］DO1;	加工条件判断
	G01 Z－#3F20;	钻孔
	G00 Z2;	退刀排屑
	#3＝#3＋5;	加工 z 坐标值递减
	END1;	循环结束
	G01 Z－56 F20;	钻孔最后深度
	G00 Z2;	退刀
	G49;	取消刀具长度补偿
结束	G91 G28 Z0;	刀具在 z 向以增量方式自动返回参考点
	G28 X0 Y0;	刀具在 x 向和 y 向自动返回参考点
	G90;	恢复绝对坐标值编程
	M05;	主轴停
	M02;	程序结束

5. 刀具路径及切削验证（图 6.9）

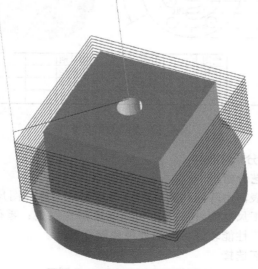

图 6.9　刀具路径及切削验证

四、法兰盘配合零件

視频演示

1. 学习目的

① 思考加工轮廓的起点如何选择。

② 学会对整体宏程序编程加工的方法。

③ 熟练掌握根据型腔范围来选择合适的刀具的方法。

④ 掌握多层加工深度的编程。

⑤ 熟练掌握旋转指令 G68 宏程序编程的方法。

⑥ 能迅速构建编程所使用的模型。

2. 加工图纸及要求

数控加工如图 6.10 所示的零件，编制其加工的数控程序。

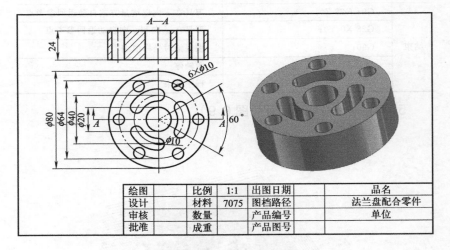

绘图		比例	1:1	出图日期		品名	
设计		材料	7075	图档路径		法兰盘配合零件	
审核		数量		产品编号		单位	
批准		成重		产品图号			

图 6.10 法兰盘配合零件

3. 工艺分析和模型

(1) 工艺分析

该零件表面由阵列孔和阵列腰形槽组成，零件图尺寸标注完整，符合数控加工尺寸标注要求；轮廓描述清楚完整；零件材料为 7075 铝，切削加工性能较好，无热处理和硬度要求。

(2) 毛坯选择

零件材料为 7075 铝，$\phi80\text{mm} \times 24\text{mm}$ 圆柱。

(3) 刀具选择

刀具号	刀具规格名称	加工内容	刀具特征	备注
T01	φ10mm 平底刀	型腔区域	HSS	

(4) 几何模型

本例题编程以方便计算为主，腰形槽以 90°开始，孔取 0°和 180° 孔，一次性用 G68 旋转完成。

本例题采用一次性装夹，几何模型和编程路径示意图如图 6.11 所示。

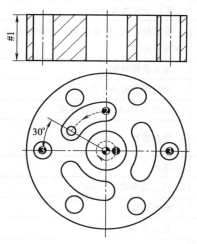

⊕：坐标原点(同旋转中心点)

❶：大孔起刀点

❷：腰槽起刀点

❸：小孔槽起刀点

○：关键节点

⟶：编程路径

#1：加工深度

#2：旋转角度(图中未标注)

图 6.11　几何模型和编程路径示意图

(5) 数学计算

本例题工件尺寸和坐标值明确，可直接进行编程。

4. 数控程序

	G17 G54 G94；	选择平面、坐标系、分钟进给
开始	T01 D01；	换 01 号刀
	M03 S2000；	主轴正转、2000r/min
大孔	G00 X5 Y0；	定位至圆的起点上方
	G00 Z5；	快速下刀
	♯1＝2；	加工 z 坐标值赋值

	WHILE[#1LE24] DO1；	加工条件判断
大孔	G01 Z－#1 F80；	下刀
	G02 I－5 F300；	铣削整圆
	#1＝#1＋2；	每层切深增加 2mm
	END1；	循环结束
腰槽	#2＝0；	旋转角度
	G00 Z2；	快速下刀
	N10 G68 X0 Y0 R#2；	工件坐标轴旋转#2
	#1＝2；	腰形槽深度,此处用同一个变量时必须重新赋值
	WHILE[#1LE24] DO2；	加工条件判断
	G00 X0 Y20；	定位腰槽起点上方②点
	G01 Z－#1 F80；	进给下刀,至－3mm 深度
	G03 X－[20＊COS30] Y[20＊SIN30] R20 F300；	铣削腰槽
	G00 Z2；	退刀
	#1＝#1＋2；	每层切深增加 2mm
	END2；	循环结束
小孔	G00 X32 Y0；	定位至 0°孔上方处
	G01 Z－23 F40；	铣孔,底部留余量,避免铣削到垫块和工作台
	Z2 F500；	抬刀
	G00 X－32；	定位至 180°孔上方处
	G01 Z－23 F40；	铣孔,底部留余量,避免铣削到垫块和工作台
	Z2 F500；	抬刀
	#2＝#2＋120；	坐标轴旋转角度均值递增 120°
	IF [#2LT360] GOTO 10；	如果坐标轴旋转角度#2＜360°,则程序跳转到 N10 程序段
	G69；	取消坐标轴旋转

结束	G91 G28 Z0;	刀具在 z 向以增量方式自动返回参考点
	G28 X0 Y0;	刀具在 x 向和 y 向自动返回参考点
	G90;	恢复绝对坐标值编程
	M05;	主轴停
	M02;	程序结束

5. 刀具路径及切削验证（图 6.12）

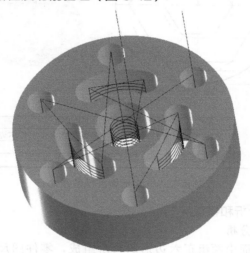

图 6.12　刀具路径及切削验证

五、六边形型腔模型零件

1. 学习目的

① 思考加工轮廓的起点如何选择。

② 学会对整体宏程序编程加工的方法。

③ 熟练掌握六边形型腔范围的设定，学会刀具补偿编程的方法。

视频演示

④ 掌握多层加工深度的编程。

⑤ 能迅速构建编程所使用的模型。

2. 加工图纸及要求

数控加工如图 6.13 所示的零件，编制其加工的数控程序。

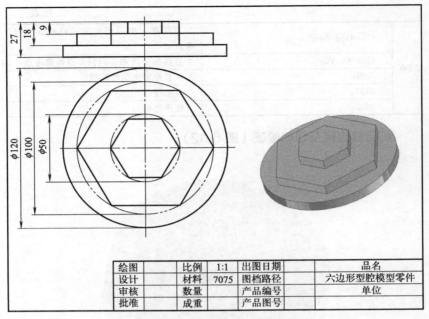

图 6.13 六边形型腔模型零件

3. 工艺分析和模型

(1) 工艺分析

该零件表面由两组正六边形的台阶组成，零件图尺寸标注完整，符合数控加工尺寸标注要求；轮廓描述清楚完整；零件材料为 7075 铝，切削加工性能较好，无热处理和硬度要求。

(2) 毛坯选择

零件材料为 7075 铝，ϕ120mm×27mm 圆柱。

(3) 刀具选择

刀具号	刀具规格名称	加工内容	刀具特征	备注
T01	ϕ20mm 平底刀	型腔区域	HSS	

(4) 几何模型

本例题采用一次性装夹，几何模型和编程路径示意图如图 6.14 所示。

(5) 数学计算

本例题需要通过三角函数去计算各个角的坐标。

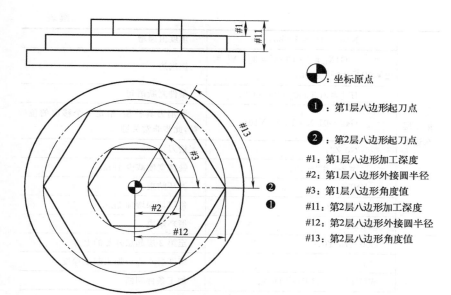

: 坐标原点

① : 第1层八边形起刀点

② : 第2层八边形起刀点

#1：第1层八边形加工深度

#2：第1层八边形外接圆半径

#3：第1层八边形角度值

#11：第2层八边形加工深度

#12：第2层八边形外接圆半径

#13：第2层八边形角度值

图 6.14　几何模型和编程路径示意图

4. 宏程序

开始	G17 G54 G94;	选择平面、坐标系、分钟进给
	T01 D01;	换 01 号刀
	M03 S2000;	主轴正转，2000r/min
第1层八边形	G00 X75 Y0;	至第1层起点外部的上方
	G00 Z5;	移动至下刀平面
	#1=3;	第1层八边形加工深度
	WHILE[#1LE9] DO1;	加工条件判断
	G00 X75 Y−10;	至起点外部的上方
	#2=25+30;	八边形外接圆半径
	WHILE [#2GE25] DO2;	加工条件判断
	#3=0;	第一边始角度值
	G01 X#2+20 Y−20 F200;	定位起点
	G1 Z−#1 F20;	z 方向进给
	G42 G01 X#2 Y0 F200;	进给至加工点位置

第1层 八边形	N10 #3＝#3+60；	角度值递增
	G1X［#2＊COS［#3］］Y［#2＊SIN［#3］］F300；	铣削边
	IF［#3LT360］GOTO10；	条件判断语句
	G40 G01 X#2+20 Y10；	取消刀具补偿，给定一个移出的位置，此步非常关键
	G0 Z2；	抬刀
	#2＝#2-15；	铣削宽度减少15mm
	END2；	循环结束
	#1＝#1+2；	每层切深增加2mm
	END1；	循环结束
第2层 八边形	G00 X75 Y0；	至第2层起点外部的上方
	#11＝12；	第2层八边形加工起点深度
	WHILE［#11LE18］DO2；	加工条件判断
	G00 X75 Y0；	至起点外部的上方
	#12＝50+15；	八边形外接圆半径
	WHILE［#12GE50］DO3；	加工条件判断
	#13＝0；	第一边起始角度值
	G01 X#12+20 Y-20 F200；	定位起点
	G42 G01 X#12 Y0 F200；	进给至加工点位置
	G1 Z-#11 F20；	z方向进给
	N20 #13＝#13+60；	角度值递增
	G1X［#12＊COS［#13］］Y［#12＊SIN［#13］］F300；	铣削边
	IF［#13LT360］GOTO20；	条件判断语句
	G40 G01 X#12+20 Y20 F200；	取消刀具补偿，给定一个移出的位置，此步非常关键
	G0 Z2；	抬刀
	#12＝#12-15；	铣削宽度减少15mm
	END3；	循环结束
	#11＝#11+2；	每层切深增加2mm
	END2；	循环结束

	G91 G28 Z0;	刀具在 z 向以增量方式自动返回参考点
结束	G28 X0 Y0;	刀具在 x 向和 y 向自动返回参考点
	G90;	恢复绝对坐标值编程
	M05;	主轴停
	M02;	程序结束

5. 刀具路径及切削验证（图 6.15）

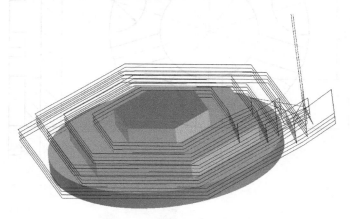

图 6.15　刀具路径及切削验证

六、复合轮廓基座配合零件

1. 学习目的
① 思考加工轮廓的起点如何选择。
② 学会对整体宏程序编程加工的方法。
③ 熟练掌握多组型腔范围的联合编程的方法。
④ 掌握多层加工深度的编程。
⑤ 熟练掌握旋转指令 G68 宏程序编程的方法。
⑥ 能迅速构建编程所使用的模型。

视频演示

2. 加工图纸及要求
数控加工如图 6.16 所示的零件，编制其加工的数控程序。

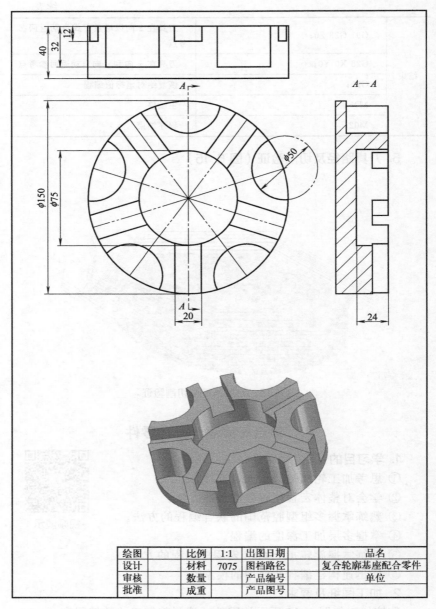

图 6.16 复合轮廓基座配合零件

绘图		比例	1:1	出图日期		品名	
设计		材料	7075	图档路径		复合轮廓基座配合零件	
审核		数量		产品编号		单位	
批准		成重		产品图号			

3. 工艺分析和模型

(1) 工艺分析

该零件表面由阵列的靠口圆弧槽和阵列直槽组成，零件图尺寸标注完整，符合数控加工尺寸标注要求；轮廓描述清楚完整；零件材料为 7075 铝，切削加工性能较好，无热处理和硬度要求。

(2) 毛坯选择

零件材料为 7075 铝，$\phi150\text{mm} \times 40\text{mm}$ 圆柱。

(3) 刀具选择

刀具号	刀具规格名称	加工内容	刀具特征	备注
T01	$\phi20\text{mm}$ 平底刀	型腔区域	HSS	

(4) 几何模型

本例题采用一次性装夹，抛物线几何模型和变量含义如图 6.17 所示。

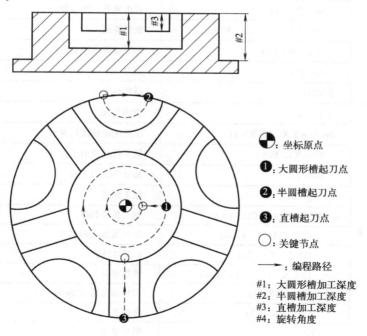

图 6.17 抛物线几何模型和变量含义

(5) 数学计算

本例题工件尺寸和坐标值明确，可直接进行编程。

4. 宏程序（参数程序）

开始	G17 G54 G94；	选择平面、坐标系、分钟进给
	T01 D01；	换 01 号刀
	M03 S2000；	主轴正转、2000r/min
大圆形槽	G00 X[75/2−10] Y0；	至起点外部的上方
	G00 Z5；	移动至下刀平面
	#1=2；	加工深度
	WHILE[#1LE24] DO1；	加工条件判断
	G00 X[75/2−10] Y0；	至第一圈圆的上方
	G1 Z−#1 F20；	z 方向进给
	G02 I−[75/2−10] F200；	铣削整圆
	G01 X[75/2−28]；	进给至下一圆的起点
	G02 I−[75/2−28] F200；	铣削整圆
	#1=#1+2；	每层切深增加 2mm
	G0 Z2；	抬刀
	END1；	循环结束
半圆槽	#4=0；	旋转角度
	N10 G68 X0 Y0 R#4；	工件坐标轴旋转#4
	G00 X15 Y75；	至半圆起点的上方
	G00 Z5；	移动至下刀平面
	#2=2；	加工深度
	WHILE[#2LE32] DO1；	加工条件判断
	G01 X15 Y75 F200；	至半圆起点的上方
	G1 Z−#2 F20；	z 方向进给
	G02 X−15 I −15 F200；	铣削半圆
	#2=#2+2；	每层切深增加 2mm
	G01 X15 Y75；	铣削直线
	END1；	循环结束
	G0 Z2；	抬刀

	G00 X0 Y−75;	至直槽起点的上方
直槽	♯3＝2;	加工深度
	WHILE[♯3LE12] DO1;	加工条件判断
	G1 Z−♯3 F20;	z 方向进给
	G01 Y−35 F200;	向上铣削直线
	G1 Z−[♯3+2] F20;	z 向增加 2mm
	G01 Y−75;	向下铣削直线,完成一个周期
	♯3＝♯3+4;	每个周期切深增加 4mm
	END1;	循环结束
	G0 Z2;	抬刀
	♯4＝♯4+360/5;	坐标轴旋转角度均值递增(360/5)°
	IF[♯4LT360] GOTO 10;	如果坐标轴旋转角度♯4＜360°,则程序跳转到 N10 程序段
	G69;	取消坐标轴旋转
结束	G91 G28 Z0;	刀具在 z 向以增量方式自动返回参考点
	G28 X0 Y0;	刀具在 x 向和 y 向自动返回参考点
	G90;	恢复绝对坐标值编程
	M05;	主轴停
	M02;	程序结束

5. 刀具路径及切削验证（图 6.18）

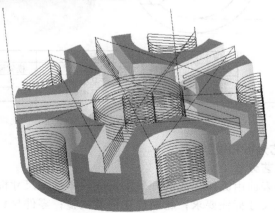

图 6.18 刀具路径及切削验证

七、模架配合固定件零件

1. 学习目的

① 思考加工轮廓的起点如何选择。

② 学会对整体宏程序编程加工的方法。

③ 熟练掌握型腔范围的设定，学会刀具补偿编程的方法。

视频演示

④ 掌握多层加工深度的编程。

⑤ 熟练掌握题目中关键点的计算方法。

⑥ 能迅速构建编程所使用的模型。

2. 加工图纸及要求

数控加工如图 6.19 所示的零件，编制其加工的数控程序。

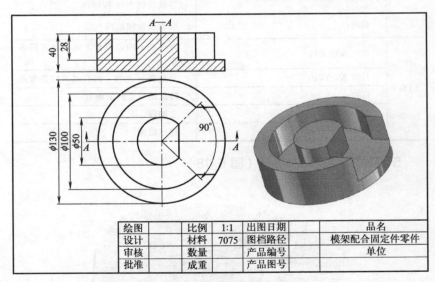

绘图		比例	1:1	出图日期		品名
设计		材料	7075	图档路径		模架配合固定件零件
审核		数量		产品编号		单位
批准		成重		产品图号		

图 6.19　模架配合固定件零件

3. 工艺分析和模型

(1) 工艺分析

该零件表面由圆弧构成的开口槽组成，零件图尺寸标注完整，符合数控加工尺寸标注要求；轮廓描述清楚完整；零件材料为 7075 铝，切削加工性能较好，无热处理和硬度要求。

（2）毛坯选择

零件材料为 7075 铝，$\phi130mm \times 40mm$ 圆柱。

（3）刀具选择

刀具号	刀具规格名称	加工内容	刀具特征	备注
T01	$\phi20mm$ 平底刀	型腔区域	HSS	

（4）几何模型

本例题采用一次性装夹，几何模型和编程路径示意图如图 6.20 所示。

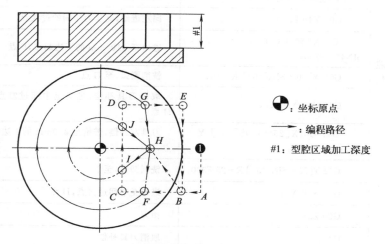

图 6.20　几何模型和编程路径示意图

（5）数学计算

本例题部分尺寸的坐标需要通过三角函数计算。

4. 数控程序

开始	G17 G54 G94；	选择平面、坐标系、分钟进给
	T01 D01；	换 01 号刀
	M03 S2000；	主轴正转、2000r/min
型腔区域	G00 X80 Y0；	定位至台阶下方的右侧
	G00 Z5；	快速下刀
	♯1＝2；	孔台阶深度

	WHILE[＃1LE28] DO1;	加工条件判断
	G42 G01 Z－＃1 F80;	刀具右补偿,下刀
	Y－[50 * SIN[45]];	向下移刀,至 A 点
	X[25 * COS[45]];	铣削下边,至 C 点
	Y[50 * SIN[45]];	铣削左边,至 D 点
	X65;	铣削上边,至 E 点
	Y－[50 * SIN[45]];	铣削右边,至 B 点
	G01 X40 F200;	向左进给,此步为中间的过渡点
型腔区域	G01X[50 * COS45] Y－[50 * SIN45] F300;	进给至 φ100mm 的下边起点,F 点
	G02 Y[50 * SIN[45]] R－50;	铣削圆弧,至 G 点
	G40 G01 X40 Y0;	取消刀具补偿,进给至中间过渡点, H 点
	G41 G01X[25 * COS[45]] Y－[25 * SIN[45]];	刀具左补偿,进给至 φ50mm 的下边起点,I 点
	G02 Y[25 * SIN[45]] R－25 F300;	铣削圆弧,至 J 点
	G01 X40 Y0;	进给至中间过渡点,H 点
	G00 Z2;	抬刀
	G40;	取消刀具补偿
	＃1＝＃1＋2;	每层切深增加 2mm
	END1;	循环结束
结束	G91 G28 Z0;	刀具在 z 向以增量方式自动返回参考点
	G28 X0 Y0;	刀具在 x 向和 y 向自动返回参考点
	G90;	恢复绝对坐标值编程
	M05;	主轴停
	M02;	程序结束

注:圆弧指令 G02/G03 使用时,R 半径值为负,则走大圆弧,如本例题的 R－50 和 R－25。

5. 刀具路径及切削验证（图 6.21）

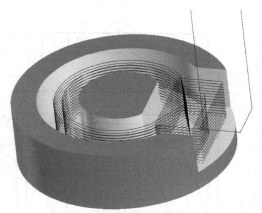

图 6.21　刀具路径及切削验证

八、模架基座配合件零件

1. 学习目的

① 思考加工多种轮廓的不同起点如何选择。

② 学会对整体宏程序编程加工的方法。

③ 熟练掌握型腔范围的设定，学会刀具补偿编程的方法。

视频演示

④ 掌握多层加工深度的编程。

⑤ 熟练掌握题目中关键点的计算的方法。

⑥ 能迅速构建编程所使用的模型。

2. 加工图纸及要求

数控加工如图 6.22 所示的零件，编制其加工的数控程序。

3. 工艺分析和模型

（1）工艺分析

该零件表面由多个形状的台阶和孔组成，零件图尺寸标注完整，符合数控加工尺寸标注要求；轮廓描述清楚完整；零件材料为 7075 铝，切削加工性能较好，无热处理和硬度要求。

（2）毛坯选择

零件材料为 7075 铝，100mm×100mm×30mm 铝块。

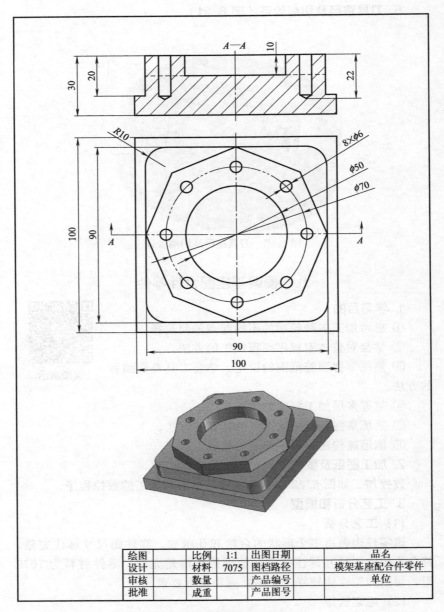

图 6.22 模架基座配合件零件

绘图		比例	1:1	出图日期		品名	
设计		材料	7075	图档路径		模架基座配合件零件	
审核		数量		产品编号		单位	
批准		成重		产品图号			

（3）刀具选择

刀具号	刀具规格名称	加工内容	刀具特征	备注
T01	ϕ20mm 平底刀	型腔区域	HSS	
T02	ϕ6mm 钻头	阵列孔	HSS	

（4）几何模型

本例题采用一次性装夹，几何模型和编程路径示意图如图 6.23 所示。

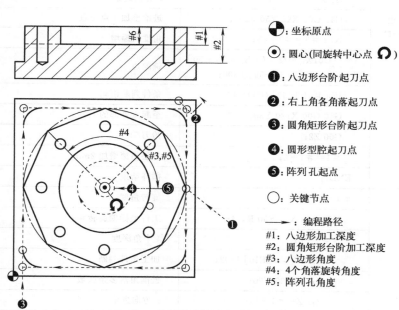

⊕：坐标原点

⊙：圆心（同旋转中心点 ↻）

❶：八边形台阶起刀点

❷：右上角各角落起刀点

❸：圆角矩形台阶起刀点

❹：圆形型腔起刀点

❺：阵列孔起点

○：关键节点

⟶：编程路径
#1：八边形加工深度
#2：圆角矩形台阶加工深度
#3：八边形角度
#4：4个角落旋转角度
#5：阵列孔角度

图 6.23 几何模型和编程路径示意图

（5）数学计算

本例题部分尺寸的坐标需要通过三角函数计算。

4. 数控程序

	G17 G54 G94；	选择平面、坐标系、分钟进给
开始	T01 D01；	换 01 号刀
	M03 S2000；	主轴正转、2000r/min

	G00 X120 Y0;	至起点外部的上方
	G00 Z5;	移动至下刀平面
	#1=2;	八边形加工深度
	WHILE[#1LE10] DO1;	加工条件判断
	G00 X120 Y30;	至起点外部的上方
	#3=0;	第一边起始角度值
	G1 Z－#1 F20;	z方向进给
八边形 台阶	G42 G01 X95 Y50 F200;	进给至加工点位置
	N10 #3=#3+45;	角度值递增
	G01 X[90/2 * COS[#3]＋50] Y[90/2 * SIN[#3]＋50] F300;	铣削边
	IF [#3LT360] GOTO10;	条件判断语句
	G40 G00 X120 Y30;	至起点外部的上方
	G00 Z2;	抬刀
	#1=#1+2;	每层切深增加2mm
	END1;	循环结束
4个角	#4=0;	旋转角度
	N20 G68 X50 Y50 R#4;	工件坐标轴旋转#4
	#1=2;	4个角深度
	WHILE[#1LE10] DO2;	加工条件判断
	G01 X100 Y90;	铣削角落多余区域
	G1 Z－#1 F20;	z方向进给
	G01 X90 Y100 F300;	铣削角落
	G0 Z2;	抬刀
	#1=#1+2;	每层切深增加2mm
	END2;	循环结束
	#4=#4+90;	坐标轴旋转角度均值递增90°
	IF [#4LT360] GOTO 20;	如果坐标轴旋转角度#4＜360°,则程序跳转到N20程序段
	G69;	取消坐标轴旋转

	♯2＝12；	矩形台阶初始深度
	WHILE［♯2LE20］DO1；	加工条件判断
	G00 X5 Y－15；	至起点外部的上方
	G01 Z－♯2 F20；	z方向进给
	G41 X5 Y5 F300；	进给至起点处
	Y95，R10；	铣削左边，倒R10mm圆角
圆角矩	X95，R10；	铣削上边，倒R10mm圆角
形台阶	Y5，R10；	铣削右边，倒R10mm圆角
	X5，R10；	铣削下边，倒R10mm圆角
	Y15；	倒圆角指令后必须跟G指令
	G40 X－15；	取消刀具补偿
	G00 Z2；	抬刀
	♯2＝♯2＋2；	每层切深增加2mm
	END1；	循环结束
	♯6＝2；	圆形型腔加工深度
	WHILE［♯6LE10］DO1；	加工条件判断
	G00 X65 Y50；	至起点外部的上方
	G1 Z－♯6 F20；	z方向进给
圆形	G02 I－15 F200；	铣削整圆
型腔	G01 X55；	进给至第二圈圆的起点
	G02 I－5；	铣削整圆
	♯6＝♯6＋2；	每层切深增加2mm
	G0 Z2；	抬刀
	END1；	循环结束
	G00 Z100；	退刀
	T02 M06；	换01号刀
圆周	M03 S2000；	主轴正转、2000r/min
阵列孔	G0 X85 Y50；	快速定位
	G0 Z5；	快速下刀

	#5＝0；	旋转角度
圆周阵列孔	N30 G68 X50 Y50 R#5；	工件坐标轴旋转#5
	G99 G81 X85 Y50 Z－22 R2 F40；	孔加工循环
	G80；	取消固定循环
	#5＝#5＋45；	坐标轴旋转角度均值递增45°
	IF［#5LT360］GOTO 30；	如果坐标轴旋转角度#5＜360°，则程序跳转到N30程序段
	G69；	取消坐标轴旋转
结束	G91 G28 Z0；	刀具在z向以增量方式自动返回参考点
	G28 X0 Y0；	刀具在x向和y向自动返回参考点
	G90；	恢复绝对坐标值编程
	M05；	主轴停
	M02；	程序结束

5. 刀具路径及切削验证（图 6.24）

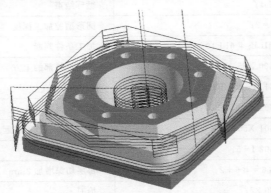

图 6.24　刀具路径及切削验证

九、复合轮廓台阶模块零件

1. 学习目的

① 思考加工轮廓的起点如何选择。

② 学会对整体宏程序编程加工的方法。

③ 熟练掌握型腔范围的设定，学会刀具补偿编程

视频演示

的方法。

④ 掌握多层加工深度的编程。

⑤ 熟练掌握题目中分层、分区域加工的方法。

⑥ 能迅速构建编程所使用的模型。

2. 加工图纸及要求

数控加工如图 6.25 所示的零件，编制其加工的数控程序。

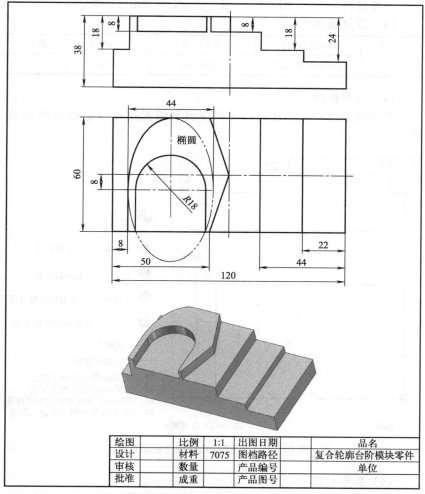

绘图		比例	1:1	出图日期		品名	
设计		材料	7075	图档路径		复合轮廓台阶模块零件	
审核		数量		产品编号		单位	
批准		成重		产品图号			

图 6.25　复合轮廓台阶模块零件

3. 工艺分析和模型

(1) 工艺分析

该零件表面由多个轮廓形状的台阶面组成，零件图尺寸标注完整，符合数控加工尺寸标注要求；轮廓描述清楚完整；零件材料为7075 铝，切削加工性能较好，无热处理和硬度要求。

(2) 毛坯选择

零件材料为 7075 铝，120mm×60mm×38mm 铝块。

(3) 刀具选择

刀具号	刀具规格名称	加工内容	刀具特征	备注
T01	ϕ20mm 平底刀	型腔区域	HSS	

(4) 几何模型

本例题采用一次性装夹，几何模型和编程路径示意图如图 6.26所示。

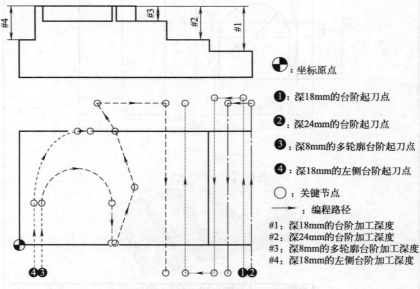

图 6.26 几何模型和编程路径示意图

(5) 数学计算

本例题工件尺寸和坐标值明确，可直接进行编程。

4. 数控程序

开始	G17 G54 G94；	选择平面、坐标系、分钟进给
	T01 D01；	换 01 号刀
	M03 S2000；	主轴正转、2000r/min
深 18mm 的台阶	G00 X120 Y−17.5；	定位至台阶下方的右侧
	G00 Z5；	快速下刀
	♯2＝2；	加工深度赋初值
	WHILE[♯2LE18] DO1；	加工条件判断
	G00 X116 Y−15；	定位至台阶下方的右侧
	G01 Z−♯2 F80；	下刀
	Y75 F300；	向上铣削
	X101；	向左移动
	Y−15；	向下铣削
	X86；	向左移动
	Y75；	向上铣削
	G00 Z2；	抬刀
	♯2＝♯2＋2；	每层切深增加 2mm
	END1；	循环结束
深 24mm 的台阶	♯1＝18；	加工深度赋初值
	WHILE[♯1LE24] DO1；	加工条件判断
	G00 X120 Y−15；	定位至台阶下方的右侧
	G01 Z−♯1F80；	下刀
	Y75 F300；	向上铣削
	X108；	向左移动
	Y−15；	向下铣削
	♯1＝♯1＋2；	每层切深增加 2mm
	END1；	循环结束
	G00 Z2；	抬刀
深 8mm 的多轮廓台阶	♯3＝2；	加工深度赋初值
	WHILE[♯3LE8] DO1；	加工条件判断
	G00 X[12＋10] Y−15；	定位至台阶下方的右侧

	G01 Z—#3 F80；	下刀
	G42 G01 X12 Y0 F300；	刀具右补偿,进给接触工件
	Y22；	铣削至半圆左侧
	G02 X48 Y22 R18；	铣削半圆
	G01 Y0；	向下铣削
	X50；	向右铣削
深 8mm 的多轮 廓台阶	X60 Y30；	铣削斜线
	X50 Y60；	铣削斜线
	G40 X60 Y75；	取消刀具补偿,此处不可直线退出,斜线位置自己多试几次
	X76；	横向移动
	Y—15；	向下铣削
	#3=#3+2；	每层切深增加 2mm
	END1；	循环结束
	G00 Z2；	抬刀
	#21=22；	椭圆长半轴赋值
	#22=38；	椭圆短半轴赋值
	#23=30；	椭圆中心在工件坐标系中的 x 坐标赋值
	#24=22；	椭圆中心在工件坐标系中的 y 坐标赋值
深 18mm 的左侧 台阶	#4=2；	加工深度赋初值
	G00 X[8-10] Y—15；	定位循环内起点
	WHILE[#4LE18] DO1；	加工条件判断
	G01 Z—#4 F80；	下刀到加工平面
	G41 G01 X8 Y0 F300；	刀具左补偿,进给接触工件
	Y22；	向上铣削
	#40=180；	离心角赋初值
	WHILE[#40GE90]DO2；	加工条件判断
	#31=#21*COS[#40]；	计算 x 坐标值

	＃32＝＃22＊SIN［＃40］；	计算 y 坐标值
	G01 X［＃31＋＃23］Y［＃32＋＃24］F350；	直线拟合椭圆曲线
深 18mm 的左侧台阶	＃40＝＃40－1；	离心角递减
	END2；	循环结束
	G40 G01 X40 Y70；	取消刀具补偿,并且多铣削一段距离
	G00 Z2；	抬刀
	＃4＝＃4＋2；	每层切深增加 2mm
	G00 X［8－10］Y－15；	再次定位,定位循环内起点
	END1；	循环结束
结束	G91 G28 Z0；	刀具在 z 向以增量方式自动返回参考点
	G28 X0 Y0；	刀具在 x 向和 y 向自动返回参考点
	G90；	恢复绝对坐标值编程
	M05；	主轴停

5. 刀具路径及切削验证（图 6.27）

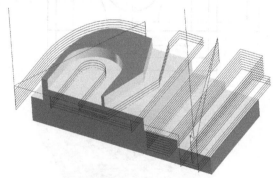

图 6.27 刀具路径及切削验证

十、内外复合型腔零件

1. 学习目的

① 思考加工轮廓的起点如何选择。

② 学会对整体宏程序编程加工的方法。

③ 熟练掌握多组型腔范围的联合编程设计。

视频演示

④ 掌握多层加工深度的编程。

⑤ 熟练掌握题目中关键点的计算的方法。

⑥ 能迅速构建编程所使用的模型。

2. 加工图纸及要求

数控加工如图 6.28 所示的零件，编制其加工的数控程序。

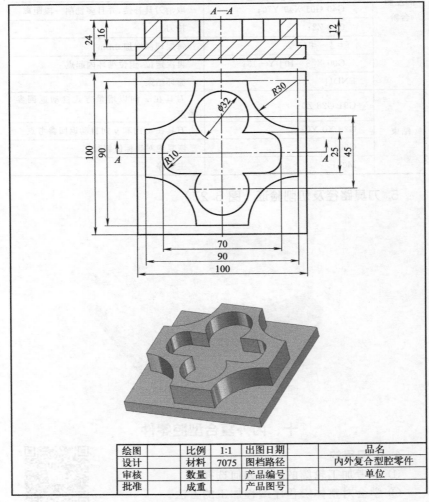

绘图		比例	1:1	出图日期		品名
设计		材料	7075	图档路径		内外复合型腔零件
审核		数量		产品编号		单位
批准		成重		产品图号		

图 6.28　内外复合型腔零件

3. 工艺分析和模型

(1) 工艺分析

该零件表面由阵列分布的外形和矩形、圆形构成的内腔组成，零件图尺寸标注完整，符合数控加工尺寸标注要求；轮廓描述清楚完整；零件材料为 7075 铝，切削加工性能较好，无热处理和硬度要求。

(2) 毛坯选择

零件材料为 7075 铝，100mm×100mm×24mm 铝块。

(3) 刀具选择

刀具号	刀具规格名称	加工内容	刀具特征	备注
T01	ϕ20mm 平底刀	型腔区域	HSS	

(4) 几何模型

本例题采用一次性装夹，几何模型和编程路径示意图如图 6.29 所示。

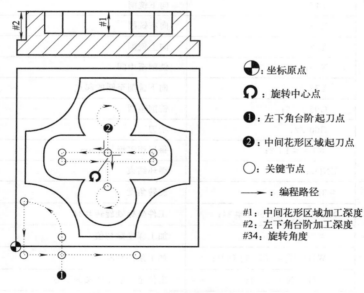

图 6.29 几何模型和编程路径示意图

(5) 数学计算

本例题工件尺寸和坐标值明确，可直接进行编程。

4. 数控程序

开始	G17 G54 G94；	选择平面、坐标系、分钟进给
	T01 D01；	换 01 号刀
	M03 S2000；	主轴正转、2000r/min
中间花形区域	G00 X50 Y66.5；	定位至上面圆形下侧
	G00 Z5；	快速下刀
	＃1＝12；	加工深度赋初值
	WHILE［＃1LE12］DO1；	加工条件判断
	G00 X50 Y66.5；	再次定位，用于循环内定位
	G01 Z－＃1 F80；	下刀
	G03 J6 F300；	铣削整圆
	G01 Y52.5；	向下铣削
	X25；	向左铣削
	Y47.5；	向下铣削
	X75；	向右铣削
	Y52.5；	向上铣削
	X50；	铣削至中间
	Y33.5；	向下铣削至圆的起点
	G03 J－6；	铣削整圆
	G00 Z2；	抬刀
	＃1＝＃1＋2；	每层切深增加 2mm
	END1；	循环结束
周围台阶	＃34＝0；	旋转角度
	N10 G68 X50 Y50 R＃34；	工件坐标轴旋转＃34
	＃2＝2；	加工深度赋初值
	WHILE［＃2LE16］DO1；	加工条件判断
	G00 X25 Y－16；	定位至台阶 1/4 圆的下方
	G01 Z－＃2 F80；	下刀
	Y5 F300；	向上铣削
	G03 X5 Y25 R20；	铣削圆弧

	G01 Y－5；	向下铣削
周围台阶	X65；	铣削下边缘
	G00 Z2；	抬刀
	＃2＝＃2＋2；	每层切深增加 2mm
	END1；	循环结束
	＃34＝＃34＋90；	坐标轴旋转角度均值递增 90°
	IF［＃34LE270］GOTO10；	如果坐标轴旋转＃34≤270°，则程序跳转到 N10 程序段
	G69；	取消坐标轴旋转
结束	G91 G28 Z0；	刀具在 z 向以增量方式自动返回参考点
	G28 X0 Y0；	刀具在 x 向和 y 向自动返回参考点
	G90；	恢复绝对坐标值编程
	M05；	主轴停
	M02；	程序结束

5. 刀具路径及切削验证（图 6.30）

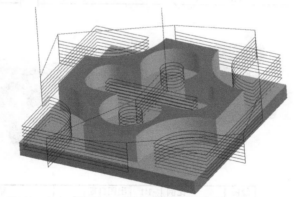

图 6.30　刀具路径及切削验证

十一、复合椭圆槽配合零件

1. 学习目的

① 思考加工轮廓的起点如何选择。

② 学会对整体宏程序编程加工的方法。

③ 熟练掌握不同形状椭圆型腔范围的加工方法，

视频演示

学会刀具补偿编程的方法。

④ 掌握多层加工深度的编程。

⑤ 熟练掌握题目中关键点的计算方法。

⑥ 能迅速构建编程所使用的模型。

2. 加工图纸及要求

数控加工如图 6.31 所示的零件，编制其加工的数控程序。

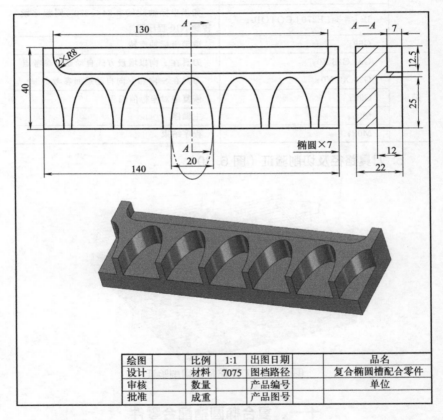

绘图		比例	1:1	出图日期		品名	
设计		材料	7075	图档路径		复合椭圆槽配合零件	
审核		数量		产品编号		单位	
批准		成重		产品图号			

图 6.31　复合椭圆槽配合零件

3. 工艺分析和模型

(1) 工艺分析

该零件表面由一个台阶长面和一组椭圆开口槽组成，零件图尺寸标注完整，符合数控加工尺寸标注要求；轮廓描述清楚完整；零件材料为 7075 铝，切削加工性能较好，无热处理和硬度要求。

（2）毛坯选择

零件材料为 7075 铝，140mm×40mm×22mm 铝块。

（3）刀具选择

刀具号	刀具规格名称	加工内容	刀具特征	备注
T01	ϕ8mm 平底刀	型腔区域	HSS	

（4）几何模型

本例题采用一次性装夹，几何模型和编程路径示意图如图 6.32 所示。

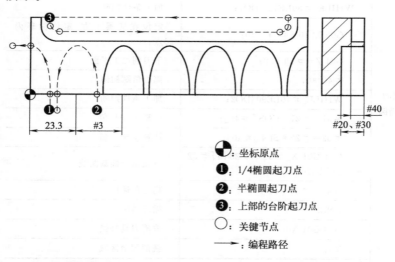

◉：坐标原点

❶：1/4椭圆起刀点

❷：半椭圆起刀点

❸：上部的台阶起刀点

○：关键节点

——→：编程路径

#1：半椭圆的椭圆长半轴

#2：半椭圆的椭圆短半轴

#3：半椭圆的椭圆中心在工件坐标系中的 x 坐标

#4：半椭圆的椭圆中心在工件坐标系中的 y 坐标

#5：半椭圆的椭圆槽个数

#11：半椭圆计算 x 坐标值

#12：半椭圆计算 y 坐标值

#20：半椭圆加工深度

#21：1/4 椭圆的椭圆长半轴

#22：1/4 椭圆的椭圆短半轴

#23：1/4 椭圆的椭圆中心在工件坐标系中的 x 坐标

#24：1/4 椭圆的椭圆中心在工件坐标系中的 y 坐标

#30：1/4 椭圆加工深度

#31：1/4 椭圆计算 x 坐标值

#32：1/4 椭圆计算 y 坐标值

#40：上部的台阶加工深度

图 6.32　几何模型和编程路径示意图

(5) 数学计算

本例题工件尺寸和坐标值明确，可直接进行编程。

4. 数控程序

子程序	O0018；	
	#21=10；	椭圆长半轴赋值
	#22=25；	椭圆短半轴赋值
	#23=0；	椭圆中心在工件坐标系中的 x 坐标赋值
	#24=0；	椭圆中心在工件坐标系中的 y 坐标赋值
	#30=2；	加工深度赋初值
	WHILE[#30LE12] DO1；	加工条件判断
	G00 X[10-4] Y-10；	定位在椭圆下方,定位循环内起点
	G01 Z-#30 F80；	下刀到加工平面
	#40=0；	离心角赋初值
左侧的	WHILE[#40LE90]DO2；	加工条件判断
1/4 椭圆	#31=#21*COS[#40]；	计算 x 坐标值
	#32=#22*SIN[#40]；	计算 y 坐标值
	G41 G01 X[#31+#23]Y[#32+#24] F350；	直线拟合椭圆曲线
	#40=#40+1；	离心角递增
	END2；	循环结束
	G40 G01 X0；	取消刀具补偿
	Y0；	铣削剩余区域
	G00 Z2；	抬刀
	#30=#30+2；	每层切深增加 2mm
	END1；	循环结束
	M99	子程序结束
主程序		
开始	G17 G54 G94；	选择平面、坐标系、分钟进给
	T01 D01；	换 01 号刀
	M03 S2000；	主轴正转、2000r/min

	#1=10；	椭圆长半轴赋值
	#2=25；	椭圆短半轴赋值
	#3=140/6；	椭圆中心在工件坐标系中的 x 坐标赋值
	#4=0；	椭圆中心在工件坐标系中的 y 坐标赋值
	#5=5；	椭圆槽个数
	N10 #20=2；	加工深度赋初值
	WHILE[#20LE12] DO1；	加工条件判断
	G00 X[#3+10-4] Y-10；	定位在椭圆下方,定位循环内起点
	G01 Z-#20 F80；	下刀到加工平面
	#10=0；	离心角赋初值
5个半椭圆	WHILE[#10LE180]DO2；	加工条件判断
	#11=#1*COS[#10]；	计算 x 坐标值
	#12=#2*SIN[#10]；	计算 y 坐标值
	G41 G01 X[#11+#3]Y[#12+#4] F350；	直线拟合椭圆曲线
	#10=#10+1；	离心角递增
	END2；	循环结束
	G40 G01 Y0；	取消刀具补偿
	X#3；	定位到椭圆中心
	Y14；	铣削剩余区域
	G00 Z2；	抬刀
	#20=#20+2.5；	每层切深增加 2.5mm
	END1；	循环结束
	#3=#3+140/6；	椭圆向右移动
	#5=#5-1；	个数减少
	IF[#5GE1] GOTO 10；	条件判断语句
左右两个1/4椭圆	G00 X0 Y0；	定位至台阶下方的右侧
	M98 P0018；	调用子程序,加工左下角椭圆区域

左右两个 1/4 椭圆	G51.1 X70;	沿 X100 的直线镜像
	M98 P0018;	加工右下角椭圆区域
	G50.1;	取消镜像
上部的台阶	#40=2;	加工深度赋初值
	WHILE[#40LE7] DO3;	加工条件判断
	G00 X10 Y40;	再次定位,定位循环内起点
	G01 Z−#40 F80;	下刀到加工平面
	Y35.5 F300;	向下加工
	G03 X13 Y32.5 R3;	铣削圆弧
	G01 X127;	向右加工
	G03 X130 Y35.5 R3;	铣削圆弧
	G01 Y40;	向上加工
	G01 X10 Y40;	向左加工
	#40=#40+7/4;	每层切深增加 1.75mm
	G00 Z2;	抬刀
	END3;	循环结束
结束	G91 G28 Z0;	刀具在 z 向以增量方式自动返回参考点
	G28 X0 Y0;	刀具在 x 向和 y 向自动返回参考点
	G90;	恢复绝对坐标值编程
	M05;	主轴停
	M02;	程序结束

5. 刀具路径及切削验证（图 6.33）

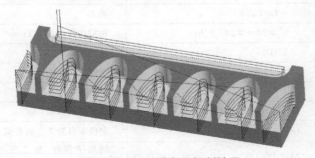

图 6.33　刀具路径及切削验证

十二、高强度矩形槽模块零件

1. 学习目的

① 熟练掌握矩形型腔的宏程序递变的规律。

视频演示

② 学会矩形型腔的深度、尺寸、刀具补偿等的设置。

③ 熟练掌握矩形型腔判断条件的选择和实现。

④ 能迅速构建编程所使用的模型。

2. 加工图纸及要求

数控加工如图 6.34 所示的零件，编制其加工的数控程序。

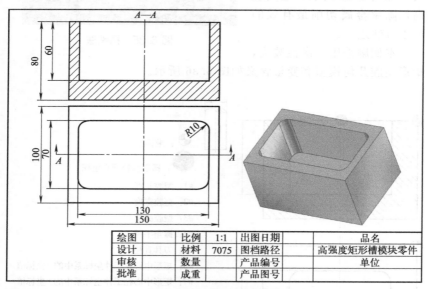

绘图		比例	1:1	出图日期		品名
设计		材料	7075	图档路径		高强度矩形槽模块零件
审核		数量		产品编号		单位
批准		成重		产品图号		

图 6.34 高强度矩形槽模块零件

3. 工艺分析和模型

(1) 工艺分析

该零件表面由大面积的圆角矩形的深槽构成，零件图尺寸标注完整，符合数控加工尺寸标注要求；轮廓描述清楚完整；零件材料为 7075 铝，切削加工性能较好，无热处理和硬度要求。

(2) 毛坯选择

零件材料为 7075 铝，150mm×100mm×80mm 铝块。

(3) 刀具选择

刀具号	刀具规格名称	加工内容	刀具特征	备注
T01	ϕ20mm 平底刀	型腔区域	HSS	

(4) 几何模型

矩形型腔通常采用等高层铣的方法铣削加工，此外还可以采用插铣法铣削加工。

插铣法又称为 z 轴铣削法，如图 6.35 所示，是实现高切除率金属切削最有效的加工方法之一。

本例题采用一次性装夹，矩形型腔几何模型和变量含义如图 6.36 所示。

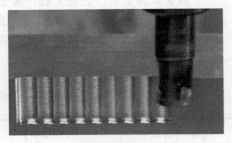

图 6.35　插铣法

<table>
<tr><td>#5</td><td></td></tr>
</table>

◑：坐标原点

●：圆形型腔圆心坐标

#1：型腔长度

#2：型腔宽度

#3：型腔深度

#4：圆角半径

#5：刀具直径

#6：矩形中心在工件坐标系中的 x 坐标值

#7：矩形中心在工件坐标系中的 y 坐标值

#8：型腔上表面在工件坐标系中的 z 坐标值

#9：加工步距

#10：计算加工半宽值

#11：计算加工半长值

#20：y 坐标增加一个步距

#30：x 坐标增加一个步距

图 6.36　矩形型腔几何模型和变量含义

(5) 数学计算

本例题工件尺寸和坐标值明确，可直接进行编程。

4. FANUC 宏程序（参数程序）

开始	G17 G54 G94；	选择平面、坐标系、分钟进给
	T01 M06；	换 01 号刀
	M03 S2000；	主轴正转、2000r/min
插铣深槽	＃1＝130；	型腔长度赋值
	＃2＝70；	型腔宽度赋值
	＃3＝60；	型腔深度赋值
	＃4＝10；	圆角半径赋值
	＃5＝20；	刀具直径赋值
	＃6＝75；	矩形中心在工件坐标系中的 x 坐标值
	＃7＝50；	矩形中心在工件坐标系中的 y 坐标值
	＃8＝0；	型腔上表面在工件坐标系中的 z 坐标值
	＃9＝0.6＊＃5；	加工步距赋值，步距值取 0.6 倍刀具直径
	＃10＝[＃2－＃5]/2；	计算加工半宽值
	＃11＝[＃1－＃5]/2；	计算加工半长值
	IF[[＃5＊0.5]GT＃4]THEN M30；	刀具直径判断，此步可以省略
	＃20＝－＃10－＃9；	加工 y 坐标赋初值
	WHILE［＃20LT＃10]DO1；	加工条件判断
	＃20＝＃20＋＃9；	y 向坐标增加一个步距
	IF［＃20GE＃10]THEN ＃20＝＃10；	加工 y 坐标值判断
	＃30＝－＃11－＃9；	加工 x 坐标赋初值
	WHILE[＃30LT＃11]DO2；	加工条件判断
	＃30＝＃30＋＃9；	x 坐标增加一个步距
	IF［＃30GE＃11]THEN ＃30＝＃11；	加工 x 坐标值判断
	G99 G81 X[＃30＋＃6]Y[＃20＋＃7]Z[－＃3＋＃8]R2F30；	插铣加工

插铣深槽	END2；	循环结束
	END1；	循环结束
精铣侧壁	＃31＝2；	侧壁加工深度
	G00 X20 Y25；	至起点的上方
	WHILE［＃31LE60］DO1；	加工条件判断
	G1 Z－＃31 F20；	z 方向进给
	G01 Y75 F300；	铣削左侧侧壁
	X130；	铣削上方侧壁
	Y25；	铣削右侧侧壁
	X20；	铣削下方侧壁
	＃31＝＃31＋2；	每层切深增加 2mm
	END1；	循环结束
精铣底面	G01 X30 Y42 F300；	进给至底面起点
	Y58；	进给至底面未加工区域的上半部分
	X120；	铣削直线
	Y42；	进给至底面未加工区域的下半部分
	X30；	铣削直线
	G00 Z2；	抬刀
结束	G91 G28 Z0；	刀具在 z 向以增量方式自动返回参考点
	G28 X0 Y0；	刀具在 x 向和 y 向自动返回参考点
	G90；	恢复绝对坐标值编程
	M05；	主轴停
	M02；	程序结束

5. 刀具路径及切削验证

插铣的走刀路径如图 6.37 所示，整体的走刀路径如图 6.38 所示。

图 6.37　插铣的走刀路径

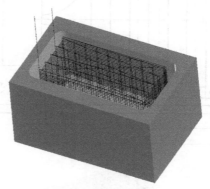

图 6.38　整体的走刀路径

十三、复合槽外固定零件

1. 学习目的

① 思考加工轮廓的起点如何选择。

② 学会对整体宏程序编程加工的方法。

③ 熟练掌握不同形状的型腔范围的加工方法，学会分层、分区域编程的方法。

视频演示

④ 掌握多层加工深度的编程。

⑤ 熟练掌握题目中关键点的计算方法。

⑥ 能迅速构建编程所使用的模型。

2. 加工图纸及要求

数控加工如图 6.39 所示的零件，编制其加工的数控程序。

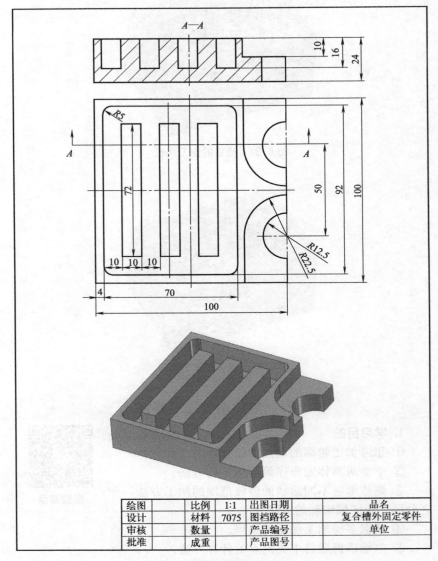

图 6.39 复合槽外固定零件

3. 工艺分析和模型

(1) 工艺分析

该零件表面由一组槽和两组对称的台阶组成，零件图尺寸标注完整，符合数控加工尺寸标注要求；轮廓描述清楚完整；零件材料为7075铝，切削加工性能较好，无热处理和硬度要求。

(2) 毛坯选择

零件材料为7075铝，$100mm \times 100mm \times 24mm$ 铝块。

(3) 刀具选择

刀具号	刀具规格名称	加工内容	刀具特征	备注
T01	$\phi 10mm$ 平底刀	型腔区域	HSS	

(4) 几何模型

本例题采用一次性装夹，几何模型和编程路径示意图如图 6.40 所示。

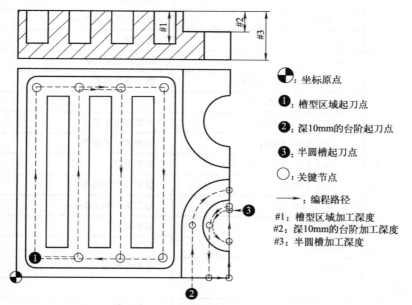

图 6.40　几何模型和编程路径示意图

(5) 数学计算

本例题工件尺寸和坐标值明确，可直接进行编程。

4. 数控程序

子程序	O0018；	
	♯2＝2；	加工深度赋初值
	WHILE[♯2LE10] DO1；	加工条件判断
	G00 X82.5 Y−8；	定位起点
	G01 Z−♯2 F80；	下刀到加工平面
	G01 Y25 F300；	铣削至大圆弧下方
深 10mm	G02 X100 Y42.5 R17.5；	铣削大圆弧
的台阶	G01 Y34.5；	向下走刀
	G03 X90.5 Y25 R9.5；	铣削小圆弧
	G01 Y0；	向下铣削
	X100；	向右铣削
	Y34.5；	向上铣削
	♯2＝♯2+2；	每层切深增加 2mm
	END1；	循环结束
	♯3＝12；	加工深度赋初值
	WHILE[♯3LE24] DO1；	加工条件判断
	G00 X108 Y32.5；	定位起点
	G01 Z−♯3 F80；	下刀到加工平面
半圆槽	G01 X100 F300；	铣削至半圆起点
	G03 X100 Y17.5 R7.5；	铣削半圆
	G01 Y32.5；	铣削回半圆起点
	♯3＝♯3+2；	每层切深增加 2mm
	END1；	循环结束
	G00 Z2；	抬刀
	M99；	子程序结束
主程序		
	M03 S800；	主轴正转，800r/min
开始	T0101；	换 1 号外圆车刀
	G98；	指定走刀按照 mm/min 进给

	G00 X9 Y9;	定位至起点上方
	#1=2;	加工深度赋初值
	WHILE[#1LE16] DO1;	加工条件判断
	G00 X9 Y9;	循环内再定位
	G01 Z−#1 F80;	下刀
	G01 Y91 F300;	向上铣削
	X69;	向右铣削
槽型	Y9;	向下铣削
区域	X9;	向左铣削
	X29;	进给至第二个竖槽下方
	Y91;	向上铣削竖槽
	X49;	进给至第三个竖槽上方
	Y9;	向下铣削竖槽
	G00 Z2;	抬刀
	#1=#1+2;	每层切深增加2mm
	END1;	循环结束
台阶	M98 P0018;	调用子程序,加工右下角台阶区域
区域	G51.1 Y50;	沿Y50的直线镜像
	M98 P0018;	加工右上下角台阶区域
	G50.1;	取消镜像
切断	G91 G28 Z0;	刀具在z向以增量方式自动返回参考点
结束	G28 X0 Y0;	刀具在x向和y向自动返回参考点
	G90;	恢复绝对坐标值编程
	M05;	主轴停
	M02;	程序结束

5. 刀具路径及切削验证（图 6.41）

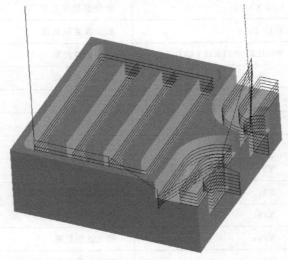

图 6.41　刀具路径及切削验证

十四、底座配合固定零件

1. 学习目的

① 思考加工轮廓的起点如何选择。

② 学会对整体宏程序编程加工的方法。

③ 熟练掌握不同形状的型腔范围的加工方法，学会分层、分区域编程的方法。

视频演示

④ 掌握多层加工深度的编程。

⑤ 熟练掌握镜像指令 G51.1 宏程序编程的方法。

⑥ 熟练掌握题目中关键点的计算方法。

⑦ 能迅速构建编程所使用的模型。

2. 加工图纸及要求

数控加工如图 6.42 所示的零件，编制其加工的数控程序。

3. 工艺分析和模型

（1）工艺分析

该零件表面由角落四块有规律的台阶和中间连续的型腔区域组成，零件图尺寸标注完整，符合数控加工尺寸标注要求；轮廓描述清楚完

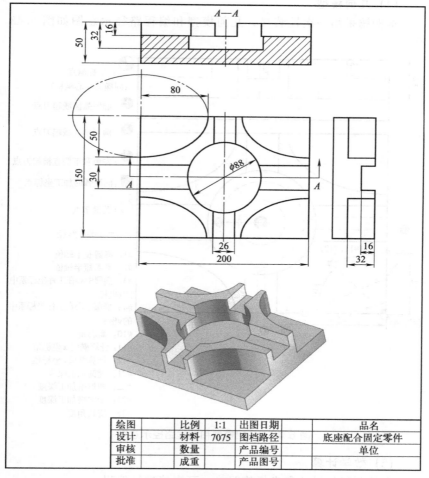

图 6.42 底座配合固定零件

整；零件材料为 7075 铝，切削加工性能较好，无热处理和硬度要求。

（2）毛坯选择

零件材料为 7075 铝，200mm×150mm×50mm 铝块。

（3）刀具选择

刀具号	刀具规格名称	加工内容	刀具特征	备注
T01	φ20mm 平底刀	型腔区域	HSS	

(4) 几何模型

本例题采用一次性装夹，几何模型和编程路径示意图如图 6.43 所示。

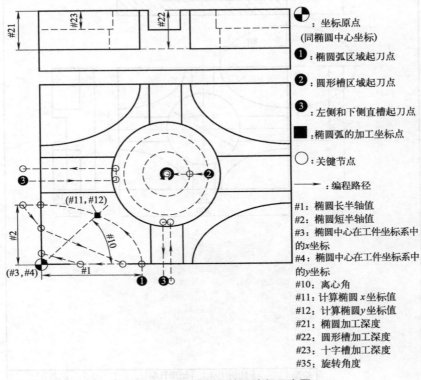

⊕：坐标原点
(同椭圆中心坐标)

❶：椭圆弧区域起刀点

❷：圆形槽区域起刀点

❸：左侧和下侧直槽起刀点

■：椭圆弧的加工坐标点

○：关键节点

→：编程路径

#1：椭圆长半轴值
#2：椭圆短半轴值
#3：椭圆中心在工件坐标系中的 x 坐标
#4：椭圆中心在工件坐标系中的 y 坐标
#10：离心角
#11：计算椭圆 x 坐标值
#12：计算椭圆 y 坐标值
#21：椭圆加工深度
#22：圆形槽加工深度
#23：十字槽加工深度
#35：旋转角度

图 6.43 几何模型和编程路径示意图

(5) 数学计算

本例题工件尺寸和坐标值明确，可直接进行编程。

4. 数控程序

子程序	O0018；	
椭圆区域	#21=2；	加工深度赋初值
	WHILE［#21LE32］DO1；	加工条件判断
	G00 X 70 Y−15；	再次定位,定位循环内起点
	G01 Z−#21 F80；	下刀到加工平面
	#1=80；	椭圆长半轴赋值

	#2＝50；	椭圆短半轴赋值
	#3＝0；	椭圆中心在工件坐标系中的 x 坐标赋值
	#4＝0；	椭圆中心在工件坐标系中的 y 坐标赋值
	#10＝0；	离心角赋初值
	WHILE［#10LE90］DO2；	加工条件判断
	#11＝#1 * COS［#10］；	计算 x 坐标值
	#12＝#2 * SIN［#10］；	计算 y 坐标值
左下角椭圆区域	G41 G01 X［#11＋#3］Y［#12＋#4］F350；	直线拟合椭圆曲线
	#10＝#10＋1；	离心角递增
	END2；	循环结束
	G40 G01 X－15 Y15；	取消刀具补偿,移出工件
	X0 Y30；	进给接触工件
	X65 Y0；	斜向铣削至下边缘
	X32；	水平铣削
	X0Y10；	斜向铣削
	G00 Z2；	抬刀
	#21＝#21＋2；	每层切深增加 2mm
	END1；	循环结束
	M99；	子程序结束
主程序	O0011；	
开始	G17 G54 G94；	选择平面、坐标系、分钟进给
	T01 D01；	换 01 号刀
	M03 S2000；	主轴正转、2000r/min
椭圆台阶	G00 X45 Y－17.5；	定位至台阶下方的右侧
	G00 Z5；	快速下刀
	M98 P0018；	调用子程序,加工左下角椭圆区域
	G51.1 X100；	沿 X100 的直线镜像
	M98 P0018；	加工右下角椭圆区域
	G50.1；	取消镜像
	G51.1 Y75；	沿 Y75 的直线镜像
	M98 P0018；	加工左上角椭圆区域
	G50.1；	取消镜像

椭圆台阶	G51.1 X100 Y75;	沿 X100 Y75 的点镜像
	M98 P0018;	加工右上角椭圆区域
	G50.1;	取消镜像
圆形槽	#22＝2;	加工深度赋初值
	WHILE[#22LE32] DO1;	加工条件判断
	G00 X[100＋34] Y75;	定位至第 1 圈圆起点上方
	G01 Z－#22 F80;	下刀
	G02 I－34 F200;	铣削整圆
	G01 X[100＋19];	定位至第 1 圈圆起点上方
	G02 I－19 F200;	铣削整圆
	G01 X100;	进给至圆心
	G00 Z2;	抬刀
	#22＝#22＋2;	每层切深增加 2mm
	END1;	循环结束
十字槽	#35＝0;	旋转角度
	N10 G68 X100 Y75 R#35;	工件坐标轴旋转#35
	#23＝2;	加工深度赋初值
	WHILE[#23LE16] DO1;	加工条件判断
	G00 X－15 Y70;	定位在左侧直槽下方起点处
	G01 Z－#23 F80;	下刀
	X60;	向右铣削直槽
	Y80;	进给至直槽上方
	X－15;	向左铣削直槽
	#23＝#23＋2;	每层切深增加 2mm
	END1;	循环结束
	G00 Z2;	抬刀
	#23＝2;	加工深度赋初值
	WHILE[#23LE16] DO2;	加工条件判断
	G00 X103 Y－15;	定位在下方直槽右侧起点处
	G01 Z－#23 F80;	下刀
	Y35;	向上铣削直槽
	X97;	进给至直槽左侧
	Y－15;	向下铣削直槽
	#23＝#23＋2;	每层切深增加 2mm

		续表
十字槽	END2；	循环结束
	G00 Z2；	抬刀
	♯35＝♯35＋180；	坐标轴旋转角度均值递增 180°
	IF［♯35LE180］GOTO 10；	如果坐标轴旋转角度 ♯35≤180°，则程序跳转到 N10 程序段
	G69；	取消坐标轴旋转
结束	G91 G28 Z0；	刀具在 z 向以增量方式自动返回参考点
	G28 X0 Y0；	刀具在 x 向和 y 向自动返回参考点
	G90；	恢复绝对坐标值编程
	M05；	主轴停
	M02；	程序结束

5. 刀具路径及切削验证（图 6.44）

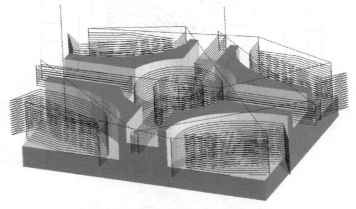

图 6.44　刀具路径及切削验证

十五、圆柱配合复合型腔零件

1. 学习目的

① 思考加工轮廓的起点如何选择。

② 学会对整体宏程序编程加工的方法。

③ 熟练掌握不同形状的型腔范围的加工方法，学会分层、分区域编程的方法。

视频演示

④ 掌握多层加工深度的编程。

⑤ 熟练掌握旋转指令 G68 宏程序编程的方法。

⑥ 熟练掌握题目中关键点的计算方法。

⑦ 能迅速构建编程所使用的模型。

2. 加工图纸及要求

数控加工如图 6.45 所示的零件，编制其加工的数控程序。

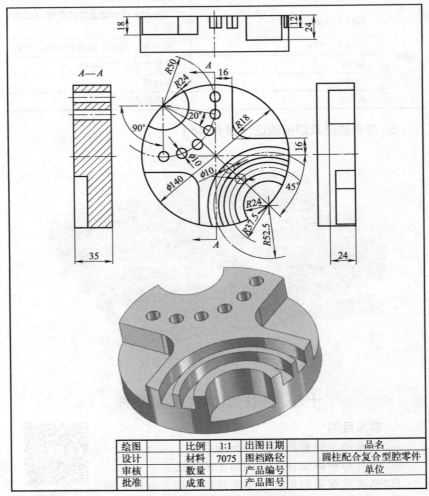

绘图		比例	1:1	出图日期		品名	
设计		材料	7075	图档路径		圆柱配合复合型腔零件	
审核		数量		产品编号		单位	
批准		成重		产品图号			

图 6.45 圆柱配合复合型腔零件

3. 工艺分析和模型

(1) 工艺分析

该零件表面由多组型腔台阶和阵列孔组成，零件图尺寸标注完整，符合数控加工尺寸标注要求；轮廓描述清楚完整；零件材料为7075铝，切削加工性能较好，无热处理和硬度要求。

(2) 毛坯选择

零件材料为7075铝，$\phi140\text{mm}\times35\text{mm}$ 圆柱。

(3) 刀具选择

刀具号	刀具规格名称	加工内容	刀具特征	备注
T01	$\phi20\text{mm}$ 平底刀	型腔区域	HSS	
T02	$\phi10\text{mm}$ 平底刀	圆弧槽	HSS	
T03	$\phi10\text{mm}$ 钻头	阵列孔	HSS	

(4) 几何模型

本例题采用一次性装夹，几何模型和编程路径示意图如图6.46所示。

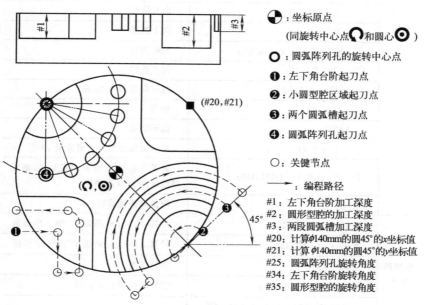

🌓：坐标原点
　（同旋转中心点🌑和圆心◉）
🌑：圆弧阵列孔的旋转中心点
❶：左下角台阶起刀点
❷：小圆型腔区域起刀点
❸：两个圆弧槽起刀点
❹：圆弧阵列孔起刀点

○：关键节点

→：编程路径

#1：左下角台阶加工深度
#2：圆形型腔的加工深度
#3：两段圆弧槽加工深度
#20：计算$\phi140\text{mm}$的圆45°的x坐标值
#21：计算$\phi140\text{mm}$的圆45°的y坐标值
#25：圆弧阵列孔旋转角度
#34：左下角台阶旋转角度
#35：圆形型腔的旋转角度

图6.46　几何模型和编程路径示意图

(5) 数学计算

本例题部分尺寸的坐标需要通过三角函数计算。

4. 数控程序

开始	M03 S800；	主轴正转，800r/min
	T01M06；	换 1 号 φ20mm 平底刀
	G98；	指定走刀按照 mm/min 进给
左下角台阶	G00 X−70 Y−41；	定位在台阶左侧起刀点位置
	♯34＝0；	旋转角度
	N10 G68 X0 Y0R♯34；	工件坐标轴旋转♯34
	♯1＝2；	加工深度赋初值
	WHILE[♯1LE18] DO1；	加工条件判断
	G00 X−70 Y−41；	循环内再定位
	G01 Z−♯1 F80；	下刀
	G01 X−41 F300；	向右铣削
	Y−70；	向下铣削
	X−26；	向右铣削
	Y−34；	向上铣削
	G03 X−34 Y−26 R8；	铣削圆角
	G01 X−70；	向左铣削
	♯1＝♯1+2；	每层切深增加 2mm
	G00 Z2；	抬刀
	END1；	循环结束
	♯34＝♯34+180；	坐标轴旋转角度均值递增 180°
	IF [♯34LE180] GOTO10；	如果坐标轴旋转♯34≤180°，则程序跳转到 N10 程序段
	G69；	取消坐标轴旋转
小圆形型腔	♯20＝70＊COS45；	计算 φ140mm 的圆 45°的 x 坐标值
	♯21＝70＊SIN45；	计算 φ140mm 的圆 45°的 y 坐标值
	♯35＝0；	旋转角度
	N20 G68 X0 Y0R♯35；	工件坐标轴旋转♯35
	G00 X[♯20+14＊COS45] Y[−♯21+14＊SIN45]；	定位起点位置

小圆形型腔	♯2＝2；	加工深度赋初值
	WHILE［♯2LE24］DO1；	加工条件判断
	G00 X［♯20＋14＊COS45］Y［－♯21＋14＊SIN45］；	循环内定位起点位置
	G01 Z－♯2 F80；	下刀
	G03 X［♯20－14＊COS45］Y［－♯21－14＊SIN45］R14 F200；	铣削半圆
	G01 X［♯20＋14＊COS45］Y［－♯21＋14＊SIN45］；	铣削回起点
	♯2＝♯2＋2；	每层切深增加2mm
	G00 Z2；	抬刀
	END1；	循环结束
	♯35＝♯35＋180；	坐标轴旋转角度均值递增180°
	IF［♯35LE180］GOTO20；	如果坐标轴旋转♯35≤180°,则程序跳转到N20程序段
	G69；	取消坐标轴旋转
	G91 G28 Z0；	刀具在z向以增量方式自动返回参考点
	G90；	恢复绝对坐标值编程
两段圆弧槽	T02M06；	换2号φ10mm平底刀
	G00 X［♯20＋37.5＊COS45］Y［－♯21＋37.5＊SIN45］；	定位R37.5mm的半圆槽起点位置
	♯3＝2；	加工深度赋初值
	WHILE［♯3LE12］DO1；	加工条件判断
	G00 X［♯20＋37.5＊COS45］Y［－♯21＋37.5＊SIN45］；	循环内再定位
	G01 Z－♯3 F80；	下刀
	G03 X［♯20－37.5＊COS45］Y［－♯21－37.5＊SIN45］R37.5 F200；	铣削R37.5mm的半圆槽
	G01 X［♯20－52.5＊COS45］Y［－♯21－52.5＊SIN45］；	进给至R52.5mm的半圆槽起点处

	G02 X[#20＋52.5＊COS45] Y[－#21＋52.5＊SIN45] R52.5;	铣削 R52.5mm 的半圆槽
两段圆弧槽	#3＝#3＋2;	每层切深增加 2mm
	G00 Z2;	抬刀
	END1;	循环结束
	G91 G28 Z0;	刀具在 z 向以增量方式自动返回参考点
	G90;	恢复绝对坐标值编程
圆弧阵列孔	T03 M06;	换 3 号 φ10mm 钻头
	G00 X－[#20] Y[#21－50];	快速定位工件端面上方
	G0 Z5;	快速下刀
	#25＝0;	旋转角度赋初始值
	N30 G68 X－[#20] Y[#21] R#25;	工件坐标轴旋转#25
	G99 G81 X－[#20] Y[#21－50] Z－37 R2 F40;	孔加工循环
	G80;	取消固定循环
	G98;	取消 G99 方式
	#25＝#25＋20;	坐标轴旋转角度均值递增 20°
	IF[#25LE100] GOTO 30;	如果坐标轴旋转到角度累计增加#25≤100°,则程序跳转到 N30 程序段
	G69;	取消坐标轴旋转
结束	G91 G28 Z0;	刀具在 z 向以增量方式自动返回参考点
	G28 X0 Y0;	刀具在 x 向和 y 向自动返回参考点
	G90;	恢复绝对坐标值编程
	M05;	主轴停
	M02;	程序结束

5. 刀具路径及切削验证（图 6.47）

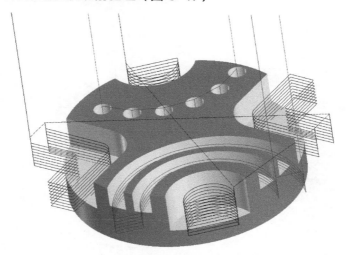

图 6.47　刀具路径及切削验证